AF473279

EXERCICES NUMÉRIQUES

DE

PHYSIQUE ET CHIMIE

N° 280 F

Tout exemplaire qui ne sera pas revêtu de la signature ci-dessous sera réputé contrefait.

COURS DE SCIENCES PHYSIQUES ET NATURELLES

RÉPONDANT AUX NOUVEAUX PROGRAMMES OFFICIELS

EXERCICES NUMÉRIQUES

DE

PHYSIQUE ET CHIMIE

PAR F. G.-M.

SOLUTIONNAIRE

DES ÉLÉMENTS DE PHYSIQUE ET DE CHIMIE

PREMIER FASCICULE : CLASSE DE QUATRIÈME

DEUXIÈME ÉDITION

1913

TOURS
MAISON A. MAME ET FILS
IMPRIMEURS-ÉDITEURS

PARIS
J. DE GIGORD
15, RUE CASSETTE, 15

ET CHEZ LES PRINCIPAUX LIBRAIRES

TABLE DES MATIÈRES

PREMIÈRE PARTIE : PHYSIQUE

PROBLÈMES

SUR LES NOTIONS PRÉLIMINAIRES DU COURS DE PHYSIQUE

CHAPITRE I. — Volumes des solides et des liquides. 1

CHAPITRE II. — Mouvements. 5

§ I. — *Mouvement uniforme*. 6

§ II. — *Mouvement uniformément accéléré*. 9

CHAPITRE III. — Forces et travail 11

§ I. — *Forces* 12

§ II. — *Travail* 14

PROBLÈMES SUR LA PESANTEUR

CHAPITRE II. — Direction de la pesanteur 16

CHAPITRE IV. — Balance 19

§ I. — *Boîtes de poids* 20

§ II. — *Balance juste* 23

§ III. — *Balance fausse* 25

CHAPITRE V. — Densités. — Chute des corps.

§ I. — *Calcul des poids*. 28

§ II. — *Calcul des volumes* 33

§ III. — *Calcul des densités* 41

Méthode du flacon 44

§ IV. — *Densités des alliages et des mélanges*. 46

§ V. — *Chute des corps*. 50

PROBLÈMES SUR L'HYDROSTATIQUE

CHAPITRE II. — **Principe de Pascal.**

§ I. — *Pressions* 54
§ II. — *Transmission des pressions* 56

CHAPITRE III. — **Pressions des liquides pesants** 59

CHAPITRE IV. — **Pressions sur les parois** 61

§ I. — *Pression sur un fond horizontal* 62
§ II. — *Pression sur une paroi plane* 67

CHAPITRE V. — **Principe d'Archimède.**

§ I. — *Poids apparents* 70
§ II. — *Corps flottants* 74

CHAPITRE VI. — **Vases communicants** 79

CHAPITRE VII. — **Liquides superposés** 82

CHAPITRE IX. — **Baromètre** 87

CHAPITRE X. — **Pressions des gaz confinés** 91

§ I. — *Manomètres* 92
§ II. — *Loi de Mariotte* 95
1. Tube de Mariotte 98
2. Tube de Torricelli 100
3. Éprouvette manométrique 103
§ III. — *Mélanges gazeux* 106
§ IV. — *Poids des gaz* 108
Poids apparents dans l'air 110

CHAPITRE XI. — **Pompes.**

§ I. — *Pompes à liquides* 112
§ II. — *Pompes à gaz* 113

PROBLÈMES SUR LA CHALEUR

CHAPITRE II. — **Thermomètres** 117

CHAPITRE III. — **Quantités de chaleur.**

§ I. — *Calorimétrie* 120
1. Quantités de chaleur 121
2. Équilibre thermique 122
3. Chaleurs spécifiques 123
4. Capacités calorifiques 126
5. Mesure d'une température par le calorimètre 127
§ II. — *Équivalence de la chaleur et du travail* 129

Chapitre IV. — **Dilatations.**
§ I. — *Dilatations des solides* 132
1. Dilatation linéaire 133
2. Dilatation superficielle 134
3. Dilatation cubique 135
4. Applications 137
§ II. — *Dilatation des liquides* 139
§ III. — *Dilatation des gaz* 144
§ IV. — *Poids d'un gaz* 151
Chapitre V. — **Changements d'état** 155
§ I. — *Fusion et solidification* 156
Changement de volume pendant la fusion 160
§ II. — *Vaporisation* 162
Chapitre VI. — **Machines à vapeur.**
1. Puissance 166
2. Rendement 171
Chapitre VII. — **Hygrométrie** 174

DEUXIÈME PARTIE : CHIMIE

Problèmes de chimie 178

EXERCICES NUMÉRIQUES DE PHYSIQUE ET DE CHIMIE

PREMIÈRE PARTIE : PHYSIQUE

PRÉLIMINAIRES

CHAPITRE I

VOLUMES DES SOLIDES ET DES LIQUIDES

FORMULAIRE

Grandeurs géométriques et leurs unités.

Longueur : Étendue sous une seule dimension.
Unité C. G. S. : *centimètre* (cm) ;
Unités pratiques : *millimètre* (mm), *décimètre* (dm), *mètre* (m), *kilomètre* (km).

Surface : Étendue sous deux dimensions.
Unité C. G. S. : *centimètre carre* ($cm^2 = cq$) ;
Unités pratiques : *millimètre carré* (mm^2), *mètre carré* (m^2).

Volume : Étendue sous trois dimensions.
Unité C. G. S. : *centimètre cube* ($cm^3 = cc$) ;
Unités pratiques : *litre = décimètre cube* ($l = dm^3$), *mètre cube* (m^3).

1. — *Dans une éprouvette graduée contenant de l'eau, on laisse tomber un morceau de plomb qui fait monter le niveau du liquide à la division* $v = 523^{cc}$. *Ayant retiré le métal, on le fixe à un morceau de liège qu'il entraîne ensuite avec lui au fond de l'éprouvette. Le niveau de l'eau s'élève alors jusqu'à la division* $v' = 532^{cc}$. *Quel est le volume du liège.*

Soit x ce volume. Le volume total de l'eau, du plomb et du liège peut s'écrire : $$v' = v + x.$$

Donc : $$x = v' - v.$$

Numériquement : en remplaçant chacune des lettres v, v' par sa valeur numérique, et effectuant la soustraction, on obtient :

$$x = 9^{cc}.$$

2. — *Une éprouvette graduée contient* $v = 532^{cc}$ *d'eau. Quand on y plonge un corps poreux soluble dans l'eau, mais recouvert d'une mince couche de vernis qui empêche l'eau d'y pénétrer, le niveau du liquide s'élève à la division* $v' = 637^{cc}$. *Mais si l'on fait ensuite disparaître la couche de vernis, le niveau s'arrête à la division* $v'' = 616^{cc}$. *Quelle était la fraction du volume extérieur du solide occupée par les pores ?*

Soient x le volume occupé par les pores et y le volume extérieur du solide.

On a : $$x = v' - v'',$$

et $$y = v' - v;$$

d'où : $$\frac{x}{y} = \frac{v' - v''}{v' - v}.$$

La fraction demandée est donc :

$$\frac{x}{y} = \frac{21}{105} = \frac{1}{5}.$$

3. — *Une source donne* $2^{l},5$ *par seconde. Combien donne-t-elle de mètres cubes par heure ?*

Une heure vaut $60 \times 60 = 3600$ secondes. Donc, en une heure, la source donne : $2,5 \times 3600 = 9000$ litres, c'est-à-dire 9^{mc}.

4. — *Une source donne* 126^{mc} *par heure. Combien débite-t-elle de litres par seconde ?*

En une heure, c'est-à-dire en 3600 secondes, la source donne 126000 litres.

Donc elle débite par seconde :

$$\frac{126000}{3600} = 35 \text{ litres.}$$

5. — *On verse dans une éprouvette graduée* v $=72^{cc}$ *d'acide et* v$'=108^{cc}$ *d'eau. Quelle est la composition centésimale du mélange obtenu, ou, en d'autres termes, quel est le volume d'acide contenu dans* 100^{cc} *de ce mélange?*

Soit x ce volume. On a :

$$\frac{x}{100}=\frac{v}{v+v'};$$

d'où :

$$x=\frac{100v}{v+v'}=\frac{7200}{180}=40.$$

Le mélange contient 40 volumes d'acide pour 60 volumes d'eau, ou pour 100 volumes de mélange.

6. — *Dans une éprouvette contenant* a $=150^{cc}$ *de vin, on a versé de l'eau qui donne* b $=380^{cc}$ *de mélange. Quel volume d'eau faut-il encore y ajouter pour qu'il y ait* a$'=30^{cc}$ *de vin dans* b$'=100^{cc}$ *du nouveau mélange?*

Soit x le volume d'eau à ajouter. On aura :

$$\frac{a}{b+x}=\frac{a'}{b'};$$

d'où :

$$x=\frac{ab'-ba'}{a'};$$

Numériquement : $x=\dfrac{15000-11400}{3}=120^{cc}.$

7. — *Dans une éprouvette contenant* a $=30^{cc}$ *d'acide, on a versé un excès d'eau qui donne* b $=180^{cc}$ *de mélange. Quel volume d'acide faut-il y ajouter pour que la dissolution contienne* a$'=25^{cc}$ *d'acide pour* b$'=100^{cc}$ *de mélange?*

Soit x ce volume. On aura :

$$\frac{a+x}{b+x}=\frac{a'}{b'};$$

d'où :

$$x=\frac{ab'-ba'}{a'-b'}.$$

Numériquement : $x=\dfrac{3000-4500}{25-100}=20^{cc}.$

8. — *On a deux dissolutions du même acide, l'une contient 15 % d'acide, l'autre 55 %. Quels volumes de* *l'une et de l'autre faut-il verser dans une éprouvette de 100^cc pour la remplir d'une dissolution à 25 %?*

Soient x et y ces deux volumes. On aura :

$$x + y = 100. \qquad (1)$$

En écrivant que le mélange contient 25^cc d'acide, on obtient comme seconde équation :

$$\frac{15}{100}x + \frac{55}{100}y = 25;$$

ou :

$$3x + 11y = 500. \qquad (2)$$

En résolvant les équations (1) et (2), on obtient :

$$x = 25^{cc} \quad \text{et} \quad y = 75^{cc}.$$

9. — *On a une carafe contenant V = 750^cc d'eau et une bouteille remplie par v = 500^cc de vin? Quel volume de ce dernier faut-il verser dans une éprouvette graduée, pour qu'en remplissant la bouteille avec l'eau de la carafe et en versant dans cette dernière le contenu de l'éprouvette, on obtienne deux mélanges contenant la même proportion de vin?*

Soit x le volume demandé.

En écrivant que la proportion de vin est la même dans la carafe, dans la bouteille, ou dans l'ensemble des deux vases, on obtient :

$$\frac{x}{V} = \frac{v - x}{v} = \frac{v}{V + v};$$

d'où :

$$x = \frac{Vv}{V + v}.$$

Numériquement : $x = 300^{cc}.$

10. — *Dans une éprouvette graduée on verse v = 223^cc d'alcool et v' = 477^cc d'eau. Il se produit dans ce mélange une certaine contraction, et le volume total se réduit à V = 964^cc.*

On demande : 1° le coefficient de contraction, c'est-à-dire la contraction que subit l'unité de volume du mélange mesuré avant la contraction; 2° la composition centésimale du mélange, c'est-à-dire le volume d'alcool contenu dans 100^cc du mélange final.

1° Les volumes du mélange avant et après la contraction sont :

$$v + v' \quad \text{et} \quad V.$$

La contraction de l'unité de volume est donc :

$$x = \frac{v + v' - V}{V} = \frac{1000 - 964}{1000} = \frac{36}{1000}.$$

2° Soit y le volume d'alcool contenu dans 100^{cc} du volume final.

On a :

$$\frac{y}{100} = \frac{v}{V};$$

d'où :

$$y = \frac{100v}{V} = \frac{22300}{964} = 23^{cc},1.$$

CHAPITRE II

MOUVEMENTS

FORMULAIRE

Mouvement uniforme. — Dans un mouvement uniforme :

1° *La* **vitesse** *est constante;* c'est l'accroissement de l'espace pendant chaque unité de temps :

$$v = \frac{e}{t} = C^{te}.$$

2° Si l'origine des espaces coïncide avec l'origine des temps, *l'espace est proportionnel au temps :* $e = vt$.

Mouvement uniformément accéléré. — Dans ce mouvement :

1° *L'***accélération** *est constante;* c'est l'accroissement de la vitesse pendant chaque unité de temps :

$$j = \frac{v}{t} = C^{te}$$

2° Si le mobile part du repos sans vitesse initiale, *la* **vitesse** *est proportionnelle au temps :* $v = jt$.

3° Si l'origine des espaces coïncide avec l'origine des temps, *l'espace est proportionnel au carré du temps :*

$$e = \frac{jt^2}{2}.$$

Unités cinématiques. — Temps : unité C. G. S. : la *seconde*.
Unités pratiques : la *minute*, *l'heure*, etc.
Vitesse : Unité C. G. S. : le *centimètre par seconde*.
Unités pratiques : le mètre par seconde, le mètre par minute, le kilomètre par heure, etc.
Accélération : Unité C. G. S. : *le centimètre par seconde*

§ I. Mouvement uniforme.

11. — *Une locomotive parcourt* 315^{km} *en 10 heures ; quelle est sa vitesse en mètres par seconde ?*

La formule du mouvement uniforme $e = vt$ donne :

$$v = \frac{e}{t}.$$

Pour obtenir la vitesse en mètres par seconde, il suffit de diviser l'espace e exprimé en mètres par le temps t évalué en secondes.

On obtient : $v = \frac{315000}{10 \times 60 \times 60} = \frac{315}{36} = 8^{m},75.$

12. — *Une automobile peut parcourir* 120^{km} *à l'heure. Exprimer cette vitesse en centimètres par seconde.*

Avec ces dernières unités, l'espace $e = 12000000^{cm}$ est parcouru en un temps $t = 3600.$

La vitesse demandée est donc :

$$v = \frac{e}{t} = \frac{120000}{36} = 3333^{cm},3.$$

13. — *Un cheval au pas parcourt* 100^{m} *par minute. Quelle est sa vitesse en kilomètres à l'heure ?*

En une heure, le cheval parcourt :

$$100 \times 60 = 6000^{m}.$$

Sa vitesse est donc de 6^{km} à l'heure.

14. — *Un chasseur tire un coup de fusil au loin dans la plaine ; on n'entend la détonation que 5 secondes après. A quelle distance se trouve-t-on du chasseur, sachant que le son parcourt* 340^{m} *par seconde ?*

Cette distance est donnée par la formule du mouvement uniforme :

$$e = vt.$$

On a : $v = 340^{m}$ et $t = 5^{s}$;

d'où : $e = 340 \times 5 = 1700^{m}$.

Ainsi, le chasseur est à 1700^{m}.

15. — *Une roue tourne à raison de* $n = 300$ *tours à la minute. Quelle est, en centimètres par seconde, la vitesse d'un point situé à* $R = 25^{cm}$ *de l'axe de rotation ?*

En 60 secondes, le point décrit n fois la circonférence de rayon R, c'est-à-dire le chemin : $e = n \, . \, 2\pi R.$

La vitesse est donc : $v = \frac{e}{t} = \frac{n \, . \, 2\pi R}{60}.$

Numériquement :

$$v = \frac{300 \times 2 \times 3{,}1416 \times 25}{60} = 3{,}1416 \times 250 = 785^{cm}{,}4.$$

16. — *Quelle est la vitesse angulaire moyenne de la grande aiguille d'une montre. En d'autres termes, de quel angle tourne-t-elle pendant l'unité de temps ?*

On peut prendre pour unité de temps l'heure, la minute ou la seconde.

Pendant une heure, elle tourne de 360° ;
— une minute, — 6° ;
— une seconde, — $0^{\circ},6'$.

17. — *Un train de voyageurs et un train de marchandises partent ensemble de deux gares situées à* $d = 102^{km}$ *l'une de l'autre ; ils vont en sens contraires ; le premier parcourt* $V = 60^{km}$ *à l'heure et l'autre* $v = 25^{km}$. *A quel instant se rencontreront-ils ?*

S'ils se rencontrent x heures après le départ, on a :

$$Vx + vx = d;$$

d'où : $x = \frac{d}{V + v}.$

Numériquement : $x = \frac{102}{85} = 1{,}2,$

ou $x = 1^{h}, 12^{m}$;

18. — *Un train rapide, qui parcourt $V=70^{km}$ à l'heure, est à une distance $d=90^{km}$ en arrière d'un autre train qui marche dans le même sens à la vitesse de $v=30^{km}$ à l'heure. Dans combien de temps ces deux trains se rejoindront-ils ?*

Soit x ce temps, on aura :

$$Vx - vx = d;$$

d'où :

$$x = \frac{d}{V-v}.$$

Numériquement :

$$x = 2,25,$$

ou

$$x = 2^{h},15^{m}.$$

19. — *Pour parcourir le chemin $e=7200^{m}$, un ballon dirigeable met un temps $t=24^{m}$ quand il marche contre le vent, et un temps $t'=10^{m}$ quand il revient avec le vent, son moteur développant la même puissance dans les deux cas. On demande la vitesse propre du ballon et la vitesse du vent.*

Soient V la vitesse propre du ballon et v la vitesse du vent. Ces vitesses se retranchent dans le premier cas et s'ajoutent dans le second.

On a donc :

$$e = (V-v)t,$$
$$e = (V+v)t';$$

d'où :

$$V = \frac{1}{2}\left(\frac{e}{t'} + \frac{e}{t}\right) = \frac{e}{2}\cdot\frac{t+t'}{tt'};$$

$$v = \frac{1}{2}\left(\frac{e}{t'} - \frac{e}{t}\right) = \frac{e}{2}\cdot\frac{t-t'}{tt'}.$$

Numériquement :

$V=510^{m}$ par minute ou $8^{m},5$ par seconde.

$v=210^{m}$ — $3^{m},5$ —

20. — *Quelle était, en kilomètres à l'heure, la vitesse d'un ancien courrier qui parcourait 51 toises, 1 pied, 10 pouces et 1,6 ligne en moyenne dans 24 secondes. On sait qu'une toise valait 6 pieds, qu'un pied valait 12 pouces ou 144 lignes, et enfin que la toise valait $1^{m},94904$*

Réduisons en lignes les anciennes mesures.

La toise vaut : $1 \times 6 \times 12 \times 12 = 864$ lignes,

et la longueur donnée :

$$51 \times 864 + 144 + 120 + 1{,}6 = 44329{,}6 \text{ lignes.}$$

Cette même longueur, réduite en kilomètres, est :

$$\frac{44{,}329{,}6 \times 1{,}94904}{864}.$$

Tel est le chemin parcouru en 24 secondes.

La vitesse demandée, c'est-à-dire le chemin parcouru en 1 heure ou 3600 secondes, est donc :

$$V = \frac{44{,}3296 \times 1{,}94904 \times 3600}{864 \times 24}.$$

En effectuant les calculs, on trouve :

$$V = 15^{km}.$$

§ II. Mouvement uniformément accéléré.

21. — *L'accélération d'un mouvement uniformément varié est 25^{cm}. Le corps partant du repos, quelle sera sa vitesse au bout de 2 minutes ?*

La vitesse en centimètres par seconde est donnée par la formule connue $v = jt$; dans laquelle j représente l'accélération exprimée en centimètres, et t le temps évalué en secondes.

On a : $v = 25 \times 2 \times 60 = 300^{cm}.$

Ainsi, au bout de 2 minutes, le corps possède une vitesse de 3^m par seconde.

22. — *Un corps part du repos sans vitesse initiale, avec une accélération constante de 1^m par seconde. Quel sera l'espace parcouru après 1, 2, 3, 4... secondes?*

Il suffit d'appliquer la formule du mouvement uniformément accéléré :

$$e = \frac{jt^2}{2}.$$

En remplaçant j par 1^m ou 100^{cm}, et en remplaçant successivement t par 1, 2, 3, 4..., on obtient :

$$e_1 = 50 \times 1 = 50^{cm},$$
$$e_2 = 50 \times 4 = 200,$$
$$e_3 = 50 \times 9 = 450,$$
$$e_4 = 50 \times 16 = 800,$$
$$e_5 = 50 \times 25 = 1250.$$

23. — *Un corps partant du repos, sans vitesse initiale, se meut d'un mouvement uniformément accéléré et parcourt un espace* $e = 1800^m$ *en un temps* $t = 1$ *minute. Quelle est l'accélération de son mouvement?*

La formule de l'espace $e = \frac{jt^2}{2}$

donne l'accélération $j = \frac{2e}{t^2}$.

En adoptant les unités C. G. S., on trouve:

$$j = \frac{360000}{3600} = 100^{cm}.$$

24. — *Deux corps situés à la distance* $d = 135^{cm}$ *partent du repos, sans vitesse initiale, avec la même accélération constante* $j = 15^{cm}$. *Ils vont à la rencontre l'un de l'autre. Au bout de combien de temps se rencontreront-ils?*

Soit t ce temps.

On aura: $2 \cdot \frac{jt^2}{2} = d;$

d'où: $t = \sqrt{\frac{d}{j}}$.

Numériquement: $t = \sqrt{\frac{135}{15}} = 3^s$

25. — *Un mobile part du repos et se meut d'un mouvement uniformément accéléré. Quel espace a-t-il parcouru au bout de 12 secondes, sachant qu'à cet instant sa vitesse acquise est égale à* 60^{cm} ?

La vitesse v et l'espace e à l'instant t sont donnés par les formules connues: $v = bt, \quad e = \frac{bt^2}{2}$,

b désignant l'accélération, qui est une inconnue auxiliaire.

La première équation donne cette accélération:

$$b = \frac{v}{t}.$$

En portant cette valeur dans la seconde équation, on obtient:

$$e = \frac{vt^2}{2t} = \frac{vt}{2}.$$

Telle est la formule qui exprime l'espace en fonction du temps t et de la vitesse correspondante.

Remplaçons ces données par leurs valeurs numériques

$$v=60, \qquad t=12.$$

Il vient :

$$e=\frac{60\times 12}{2}=360^{cm}.$$

Ainsi, pendant les 12 premières secondes, le mobile a parcouru 360^{cm} ou $3^{m},60$.

CHAPITRE III

FORCE ET TRAVAIL

FORMULAIRE

Forces. — Une force est caractérisée par son *point d'application*, sa *direction* et son *intensité*.

On mesure une force *d'après son effet statique* sur le dynamomètre. L'unité métrique est le kilogramme (kg).

D'après son *effet dynamique*, une force F est le produit de la masse m qu'elle entraîne, par l'accélération j qu'elle lui communique :

$$F=mj.$$

Dans le système C. G. S., l'unité de **masse** est le *gramme* (gr); l'unité de **force** est la *dyne*. C'est la force qui imprime à l'unité de masse l'unité d'accélération.

Le *gramme-poids* vaut 981 dynes à Paris.

Travail. — Le travail $\mathfrak{T}$ d'une force F est le produit de cette force par le déplacement e de son point d'application, estimé dans sa direction

$$\mathfrak{T}=Fe.$$

L'unité C. G. S. de travail est l'*erg* ou *dyne-centimètre*.

Les unités pratiques sont le *joule*, qui vaut 10 *mégergs*, et le *kilogrammètre* (kgm), qui vaut 9,81 joules.

Puissance. — La puissance P d'une machine est le travail par unité de temps :

$$P=\frac{\mathfrak{T}}{t}.$$

L'unité C. G. S. de puissance est l'*erg par seconde*.

Les unités pratiques sont : le *watt* ou *kilogrammètre par seconde*, le *poncelet* ou *kilowatt*, qui vaut 100 kilogrammètres par seconde, et le *cheval-vapeur*, qui vaut 75 kilogrammètres par seconde, ou 736 watts.

§ I. Forces.

26. — *Quelle est la force* F *qui imprime à une masse* $m = 12^{gr}$ *une accélération* $j = 25^{cm}$; *et quelle serait l'accélération* j' *imprimée à cette masse par la force* $F' = 624$ *dynes?*

La formule générale $F = mj$ donne immédiatement :

$$F = mj = 12 \times 25 = 300 \text{ dynes},$$

et

$$j' = \frac{F'}{m} = \frac{624}{12} = 52^{cm}.$$

Ainsi, la force demandée est $F = 300$ dynes et l'accélération $j = 52^{cm}$.

27. — *Sous l'action d'une force* $F = 3600$ *dynes, quelle accélération* j *prend une masse* $m = 75^{gr}$; *et quelle masse* m' *prendrait une accélération* $j' = 45^{cm}$?

La relation générale $F = mj$ donne :

$$j = \frac{F}{m} = \frac{3600}{75} = 48^{cm},$$

et

$$m' = \frac{F}{j'} = \frac{3600}{45} = 80^{gr}.$$

Ainsi, l'accélération demandée est $j = 38^{cm}$ et la masse $m' = 80^{gr}$.

28. — *Un corps possède une accélération* $j = 25^{cm}$. *Par quelle force* F *est-il entraîné si sa masse est* $m = 84^{gr}$; *et quelle est sa masse* m' *si elle est sollicitée par une force* $F' = 525$ *dynes?*

La relation $F = mj$ donne :

$$F = mj = 84 \times 25 = 2100 \text{ dynes}.$$

et

$$m = \frac{F'}{j} = \frac{525}{25} = 21^{gr}.$$

La force demandée est $F = 2100$ dynes et la masse $m' = 21^{gr}$.

29. — *Exprimer en kilogrammes la force* F *qui, appliquée à une masse de* $m = 39^{kg},24$, *lui communique une accélération de* $j = 7^{m}$.

Dans le système métrique, l'unité de masse vaut $9^{kg},81$; la masse considérée est donc : $m = \frac{39,24}{9,81}$ unités de masse.

Cela posé, la force demandée est donnée par la formule :

$$F = mj.$$

En remplaçant m et j par leurs valeurs, on obtient :

$$F = \frac{39,24}{9,81} \times 7 = 28^{kg}.$$

La force demandée est $F = 28^{kg}$.

30. — *Une masse entraînée par une force de* $F = 40^{kg}$ *prend une accélération de* $j = 5^{m}$. *Évaluer cette masse en kilogrammes.*

Soient m cette masse et x sa mesure en kilogrammes. Chaque unité de masse valant $9^{kg},81$, on a :

$$x = m \times 9,81^{kg}.$$

D'ailleurs, la formule générale $F = mj$ donne :

$$m = \frac{F}{j} = \frac{40}{5} = 8 \text{ unités de masse.}$$

En remplaçant m par cette valeur, on obtient :

$$x = 8 \times 9,81 = 78^{kg},48.$$

La masse demandée est $78^{kg},48$.

31. — *Exprimer en mètres l'accélération* j *que prend une masse de* $49^{kg},05$ *sollicitée par une force de* $F = 100^{kg}$.

La masse considérée contient :

$$m = \frac{49,05}{9,81} = 5 \text{ unités de masse.}$$

La formule générale $F = mj$ donne :

$$j = \frac{F}{m} = \frac{100}{5} = 20^{m}.$$

La masse prend une accélération de 20^{m}.

§ II. Travail.

32. — *Un cheval exerce sur une voiture une traction moyenne de* $F = 22^{kg}$. *Quel travail développe-t-il dans un trajet de* $7^{km},5$?

Le chemin parcouru est : $e = 7500^{m}$.

Le travail effectué est donc :

$$\mathfrak{T}F = Fe = 22 \times 7500 = 165000^{kgm}.$$

Rép. Un travail de 165000^{kgm}.

33. — *Exprimer en kilogrammètres le travail effectué par un manœuvre, qui a transporté du rez-de-chaussée au troisième étage 7 ballots de marchandises pesant chacun* 60^{kg} ? *Les étages ont respectivement* 5^{m}, $3^{m},50$ *et* $4^{m},50$ *de hauteur.*

Le travail demandé équivaut à celui d'une force

$$F = 7 \times 60 = 480^{kg}$$

sur un chemin $e = 5 + 3{,}5 + 4{,}5 = 13^{m}$.

On a donc : $\mathfrak{T}F = 420 \times 13 = 5460^{kgm}$.

Rép. Un travail de 5460^{kgm}.

34. — *Une machine d'extraction met 3 minutes pour soulever un chargement de* 1500^{kg} *à* 450^{m} *de hauteur Quel travail produit-elle en une seconde ?*

Le travail total est : 1500×450,

et le travail par seconde : $\dfrac{1500 \times 450}{3 \times 60} = 3750^{kgm}$.

Rép. Un travail de 3750^{kgm}.

35. — *Une force constante* $F = 6^{kg},4$ *appliquée à un mobile partant du repos lui communique une accélération* $\mathfrak{b} = 50^{cm}$. *Quel sera le travail effectué par cette force au bout de 5 secondes ?*

Ce travail $\mathfrak{T}$ est donné par la formule

$$\mathfrak{T} = Fe,$$

e désignant le chemin parcouru dans la direction de la force.

Or le mobile se meut dans la direction de la force et d'un mouvement uniformément accéléré. Au bout du temps t, le chemin parcouru est:

$$e=\frac{bt^2}{2}.$$

En tenant compte de cette valeur, la formule du travail devient:

$$\mathcal{T}=\frac{Fbt^2}{2}.$$

Remplaçons les lettres par leurs valeurs, en ayant soin d'exprimer la longueur b en mètres:

$$F=6,4, \qquad b=0,5, \qquad t=5.$$

Il vient:

$$\mathcal{T}=\frac{6,4\times0,5\times25}{2}=40^{kgm}.$$

Rép. 40 kilogrammètres.

36. — *Convertir en mégadynes une force de* $127^{kg},421$.

On sait qu'un kilogramme vaut 0,981 mégadynes; la force demandée est donc: $127,421\times0,981=125$ mégadynes.

37. — *Exprimer en joules le travail nécessaire pour élever un poids de* 510^{gr} *à* 2^{m} *de hauteur.*

On sait qu'un kilogrammètre vaut 9,81 joules. Il suffit donc d'évaluer le travail en kilogrammètres et de multiplier le nombre obtenu par 9,81.

Le travail considéré est; $0,510\times2=1,02^{kgm}$,

ou $1,02\times9,81=10,0062$ joules.

Rép. 10 joules.

38. — *Convertir en kilogrammètres un travail de 11 822 joules.*

Puisqu'un kilogrammètre vaut 9,81 joules, 1 joule vaut $\frac{1}{9,81}$ kilogrammètre et 11 822 joules valent:

$$\frac{11822}{9,81}=1\,205^{kgm}.$$

PESANTEUR

CHAPITRE II

DIRECTION DE LA PESANTEUR

FORMULAIRE

Verticale. — La **verticale** d'un point est la direction de la pesanteur en ce point.

Toutes les verticales convergent au centre de la terre.

Les verticales de deux points voisins sont sensiblement parallèles.

L'*angle des verticales de deux points éloignés*, mesuré en secondes centésimales, est égal à la distance géographique de ces points, évaluée en décamètres.

39. — *La façade d'un monument a une longueur de* 150^{m}. *Quel est l'angle formé par les arêtes verticales extrêmes?*

Chaque 10^{m} représente une seconde centésimale.
L'angle demandé est donc :

15 secondes centésimales

40. — *Dans la triangulation exécutée par Picard en* 1670 *pour trouver les dimensions de la terre, la base avait une longueur de* 5663 *toises. Quel était l'angle formé par les verticales des extrémités de cette base, sachant que la toise avait une longueur de* 1^{m},94904?

La longueur de la base d'opération était :

$$5663 \times 1,94904 = 11037^{m},4.$$

Chaque décamètre correspond à un angle d'une seconde centésimale; donc l'angle demandé est :

1103,74 secondes centésimales;

ou 11 minutes, 3 secondes et 0,74 de seconde.

41. — *Le mille marin est la distance de deux points dont les verticales font entre elles un angle d'une minute sexagésimale. On propose de réduire cet angle en minutes et secondes centésimales, et d'en déduire la longueur du mille marin.*

La valeur du quadrant est :

$$90 \times 60, \quad \text{ou} \quad 5400 \text{ minutes sexagésimales;}$$

ou

$$100 \times 100 = 10000 \text{ minutes centésimales.}$$

La minute sexagésimale est donc égale au quotient :

$$\frac{10\,000}{5400} = 1{,}85185;$$

c'est-à-dire à : 185,185 secondes centésimales.

Or, chaque seconde centésimale répond à une distance de 10^{m}.

Donc le mille marin vaut :

$$1851^{m},85.$$

42. — *Un train rapide fait 60^{km} à l'heure. Quelle est sa vitesse de rotation autour du centre de la terre, et de quel angle tournerait sa verticale pendant 24 heures?*

Pour un déplacement de 10^{m}, la verticale tourne d'une seconde centésimale.

Donc en une heure la verticale du train tourne de :

$$\frac{60\,000}{10} = 6000 \text{ secondes;}$$

ou 60 minutes centésimales.

En 24 heures, sa verticale tourne de :

$$24 \times 60 = 1440 \text{ minutes;}$$

ou 14,4 grades.

43. — *Un obus lancé par une pièce marine a parcouru 12^{km} en 15 secondes. Avec quelle vitesse a-t-il tourné autour du centre de la terre?*

Pendant une seconde l'obus a parcouru en moyenne :

$$\frac{12\,000}{15} = 800^{m}.$$

Or, une vitesse linéaire de 10^{m} représente une vitesse angulaire de 1 seconde centésimale.

La vitesse angulaire du projectile est donc :

$$\frac{800}{10} = 80 \text{ secondes centésimales.}$$

44. — *La latitude de Paris est* $l = 48°, 50', 49''$. *On demande de réduire cette latitude en grades, minutes et secondes centésimales, et d'en déduire la distance de Paris à l'équateur.*

1° En réduisant d'abord l en secondes sexagésimales, on a :

$$l = 175849''.$$

Or un quadrant vaut :

$$90° \quad \text{ou} \quad 324000'';$$

et $\quad 100^g \quad$ ou $\quad 1000000$ secondes centésimales.

En écrivant que les deux mesures sont proportionnelles, on a :

$$\frac{x}{175849} = \frac{1000}{324};$$

d'où $$x = \frac{175849000}{324} = 54^g,2744.$$

2° Chaque seconde centésimale représentant 10^m, la distance de Paris à l'équateur est : $\quad 5427440^m$;

ou $\quad 5427^{km},44$.

45. — *Lille et Alger sont sur un même méridien, aux latitudes respectives de* $50°, 38', 44''$ *et de* $36°, 47', 50''$. *Calculer la longueur de l'arc de méridien compris entre ces deux villes.*

L'arc de méridien compris entre Alger et Lille est mesuré par la différence des latitudes de ces deux points.

$$\begin{array}{r} 50°, 38', 44'' \\ 36°, 47', 50'' \\ \hline 13°, 50', 54'' \end{array}$$

Cette différence est : $13°, 50', 54''$;

ou $\quad 49854''$ sexagésimales.

Soit x sa valeur en divisions centésimales.

On a : $$\frac{x}{49854} = \frac{1000000}{90 \times 60 \times 60} = \frac{1000}{324};$$

d'où $\quad x = 153870$ secondes centésimales

Chaque seconde correspondant à 10^m, la distance de Lille à Alger est égale à : $\quad$ 1538,7 kilomètres.

46. — ***Les villes de Québec et de Valparaiso ont à peu près la même longitude; mais la première est à 46°, 48′, 17″ de latitude nord, et la seconde, à 33°, 2′, 10″ de latitude sud. On demande quelle est, à vol d'oiseau, la distance de ces deux villes.***

L'arc de méridien compris entre ces deux points est la somme de leurs latitudes :

$$\begin{array}{r} 46^\circ,\ 48',\ 17'' \\ 32^\circ,\ \ 2',\ 10'' \\ \hline 78^\circ,\ 50',\ 27''; \end{array}$$

ou $78^\circ, 50', 27''$;

ou $283827''$ sexagésimales.

Soit x sa valeur en mesures centésimales.

On a : $$\frac{x}{283827} = \frac{1000000}{324000};$$

d'où $x = 876000$ secondes centésimales.

Chaque seconde centésimale correspondant à une longueur de 10^m, la distance de Québec à Valparaiso est de :

8760 kilomètres.

CHAPITRE IV

BALANCE

FORMULAIRE

Poids absolu. — *Le* **poids absolu** *d'un corps, en un lieu donné, est la force attractive que la terre exerce sur ce corps.*

Il varie d'un lieu à un autre.

Son unité est la *dyne*, ou bien le *gramme de Paris*, qui vaut 981 dynes.

Poids relatif. — *Le* **poids relatif** *d'un corps, en un lieu donné, est son poids absolu évalué en grammes de ce lieu.*

Ce poids relatif est invariable, il est égal à la **masse** du corps.

Balance. — *La* **balance** *sert à évaluer les masses ou poids relatifs.*

La **simple pesée** exige que la balance soit *juste* et *sensible*.

La **double pesée** ne requiert que la *sensibilité*.

§ I. Boîtes de poids.

47. — *On ne dispose que d'une balance qui manque de justesse, et d'un seul poids marqué, de* 1^{kg}. *Comment faire pour s'assurer qu'une bouteille remplie d'eau en contient exactement un litre?*

Il suffit de placer la bouteille pleine d'eau dans l'un des plateaux de la balance, de faire la tare, puis, après avoir vidé la bouteille, de la remettre sur le plateau, avec le poids de 1^{kg}. Si l'équilibre se rétablit, la bouteille contient exactement un litre; si le plateau chargé du poids marqué l'emporte sur la tare, la bouteille est trop petite; si c'est la tare qui l'emporte, la bouteille contient plus d'un litre.

48. — *Ayant à sa disposition un litre et une balance, mais pas de poids marqués, comment pourrait-on peser un kilogramme d'une substance?*

Le litre étant rempli d'eau, on le place sur l'un des plateaux de la balance, et l'on fait la tare sur l'autre plateau, avec un corps quelconque, par exemple avec du sable.

Ensuite, on vide le litre, et on le remet sur le plateau de la balance; puis on place à côté de lui ce qu'il faut de la substance à peser, pour rétablir l'équilibre.

Alors, la masse de la substance que l'on a sur le plateau est juste égale à un kilogramme, puisqu'elle est égale à la masse d'un litre d'eau.

49. — *Quelles sont les masses que l'on peut réaliser avec un exemplaire de chacune des pièces de bronze de* 1, 2, 5 *et* 10 *centimes.*

Avec les deux premières on peut réaliser les masses 1, 2 et leur somme 3.

Avec les trois premières, on peut réaliser les trois masses précédentes, la masse 5, et les trois précédentes augmentées chacune de cinq grammes, c'est-à-dire : 6, 7, 8.

Avec les quatre pièces, on peut réaliser les sept masses précédentes, la masse 10 et chacune des précédentes augmentées de dix, c'est-à-dire : 11, 12, 13, 15, 16, 17 et 18.

Donc, en tout, on peut réaliser *quinze* masses différentes, savoir : les 18 premières masses entières, à l'exception de 4, 9 et 14.

50. — *On considère une boîte de n poids dont les nombres des grammes sont exprimés par les (n — 1) premières puissances de 2, c'est-à-dire par les nombres :*

$$1, 2, 4, 8, 16, 32\ldots 2^{n-1}.$$

Montrer qu'avec cette boîte de poids on peut réaliser toutes les masses d'un nombre entier de grammes, depuis 1gr *jusqu'à la somme de tous les poids de la boîte, qui est égale à* $(2^n - 1)^{gr}$.

Avec les *deux* premiers poids, on peut réaliser les masses :

1, 2, 3.

Avec les *trois* premiers, on peut réaliser toutes les masses précédentes, et, en outre, la masse 4 et toutes les précédentes augmentées chacune de 4gr, c'est-à-dire :

4 — 5, 6, 7.

Avec les *quatre* premiers, on peut réaliser toutes les précédentes, la masse 8 et toutes les précédentes augmentées de 8, c'est-à-dire :

8 — 9, 10, 11 — 12, 13, 14, 15.

Avec les *cinq* premiers on peut réaliser toutes les masses précédentes, et, en outre :

16 — 17, 18, 19 — 20, 21, 22, 23 — 24, 25, 26, 27, 28, 29, 30, 31.

On peut continuer ainsi indéfiniment.

Donc avec les *n* premiers poids on peut réaliser toutes les masses entières, depuis 1gr jusqu'à $(2^n - 1)^{gr}$.

51. — *On a deux boîtes de poids contenant chacune 12 masses échantillonnées.*

La première se compose de trois séries identiques : la série du gramme, celle du décagramme et celle de l'hectogramme comprenant chacune deux masses simples, une masse double et une masse quintuple (1, 1, 2, 5).

La seconde boîte contient les 12 masses en progression géométrique :

1, 2, 4, 8, 16... 2048.

Quels sont la différence et le rapport des nombres de pesées d'un nombre entier de grammes, que l'on peut faire respectivement avec ces deux boîtes de poids?

Avec la première boîte on peut faire 999 pesées.

Avec la seconde, d'après l'exercice précédent, on en peut faire :

$$2^{12} - . = 4095.$$

La différence et le rapport demandés sont donc :

1° $$4095 - 999 = 3096.$$

2° $$\frac{4095}{999} = \frac{455}{111} = 4,0909...$$

Ainsi, avec la seconde boîte on peut faire quatre fois plus de pesées qu'avec la première.

52. — *On considère une boîte de poids qui contient 5 exemplaires de chacun des poids suivants :*

$$1^{gr},\ 10^{gr},\ 100^{gr}.$$

Quelles masses permet-elle de réaliser et quelles sont les pesées que l'on peut faire : 1° avec une balance fausse mais sensible; 2° avec une balance juste?

On peut réaliser toutes les masses d'un nombre entier de grammes, depuis 1^{gr} jusqu'à 555^{gr}, excepté celles dont le nombre de grammes serait terminé par l'un des chiffres 6, 7, 8, 9.

1° Avec une balance fausse on ne pourrait peser que les masses précédentes que l'on peut réaliser.

2° Avec une balance juste, on pourrait peser en outre toutes les autres masses comprises entre 1 et 555.

Pour cela, on procéderait par différence.

Ainsi, pour peser 6^{gr}, on mettrait 4^{gr} dans le plateau qui contient le corps et 10^{gr} dans l'autre plateau.

53. — *Réduire en kilogrammes un poids de 204 livres, 4 onces, 4 gros et 59 grains, sachant que la livre valait 16 onces; une once, 8 gros; un gros, 72 grains; et enfin, que la livre ancienne pesait* $0^{kg},48951$?

Réduisons en grains les anciens poids.

La livre valait : $1 \times 16 \times 8 \times 72 = 9216$ grains.

Et le poids donné :

$$204 \times 9216 + 4 \times 576 + 4 \times 72 + 59;$$

c'est-à-dire : 1882715 grains.

Le grain pesait donc :

$$\frac{0,48951}{9216} \text{ kilogrammes,}$$

et le poids donné :

$$\frac{1882715 \times 0,48951}{9216} = 100 \text{ kilogrammes.}$$

§ II. Balance juste.

54. — *Une éprouvette remplie d'eau étant placée sur un support dans l'un des plateaux d'une balance, on fait la tare dans l'autre plateau. Si l'on retire l'éprouvette, il faut mettre* $P = 194^{gr},7$ *de poids marqués à côté du support pour rétablir l'équilibre; mais si l'on vide l'éprouvette et qu'on la replace sur son support, il suffit de* $p = 151^{gr},5$ *pour rétablir l'équilibre. On demande de déterminer le poids et le volume de l'éprouvette.*

Le poids P est le poids de l'éprouvette pleine d'eau, p est celui de l'eau qu'elle contient.

Le poids de l'éprouvette est donc la différence :

$$P - p = 43^{gr},2.$$

Et puisque le volume de l'eau est exprimé par le même nombre que son poids, le volume de l'éprouvette est :

$$p = 151^{cc},5.$$

55. — *On met sur l'un des plateaux de la balance un poids de* $P = 500^{gr}$ *et un flacon vide, puis on fait la tare dans l'autre plateau. Ayant enlevé le poids P, on le remplace par* $P' = 220^{gr}$ *et l'on verse de l'alcool dans le flacon jusqu'à ce qu'il y ait équilibre. On achève ensuite de remplir le flacon avec de l'eau. L'équilibre est rompu, mais on constate que pour le rétablir, il suffit d'enlever les poids P' et de les remplacer par* $P'' = 150^{gr}$. *Quelle est la composition centésimale, en poids, du mélange d'eau et d'alcool, que contient alors le flacon?*

Le poids de l'alcool est :

$$P - P' = 280^{gr}.$$

Celui de l'eau : $P' - P'' = 70^{gr}$;

t le poids du mélange : $280 + 70 = 350^{gr}$.

Donc, sur 100^{gr} de mélange, il y a :

$$\frac{280 \times 100}{350} = 80^{gr} \text{ d'alcool}$$

t 20^{gr} d'eau.

56. — *Quelles sont les masses placées dans les deux plateaux d'une balance juste, sachant que celle-ci est en équilibre, quand on enlève 30gr à la première pour les ajouter à la seconde, ou bien quand on réunit les deux masses dans le premier plateau et que l'on met 300gr dans le second?*

Soient x et y ces deux masses.
On a les deux équations :

$$x - 30 = y + 30,$$
$$x + y = 300;$$

c'est-à-dire :

$$\begin{cases} x + y = 300, \\ x - y = 60; \end{cases}$$

d'où :

$$x = 180^{gr}; \qquad y = 120^{gr}.$$

57. — *Trouver cinq masses en progression arithmétique sachant que les trois premières font équilibre aux deux autres ou à 1200gr?*

Soit p le premier terme de la progression et r la raison.
Les masses peuvent s'écrire :

$$p, \quad p + r, \quad p + 2r, \quad p + 3r, \quad p + 4r.$$

On a donc les équations :

$$3p + 3r = 2p + 7r = 1200^{gr};$$

ou

$$p = 4r,$$

et

$$p + r = 400;$$

d'où :

$$r = 80, \qquad \text{et} \qquad p = 320.$$

Les cinq masses demandées sont donc :

$$320, \quad 400, \quad 480, \quad 560, \quad 640.$$

58. — *Si l'on place, dans l'un des plateaux d'une balance juste, deux masses x et y, dont l'une est double de l'autre, il faut leur ajouter 50gr pour qu'elles fassent équilibre à une masse z placée dans l'autre plateau. Si on les porte alors du premier plateau dans le second, il faut, pour maintenir l'équilibre, les remplacer par 900gr de poids marqués. Quelles sont ces deux masses?*

Ces données se traduisent immédiatement par les trois équations :

$$x = 2y,$$
$$x + y + 50 = z,$$
$$50 + 900 = x + y + z;$$

d'où l'on tire :

$$x = 300^{gr}, \quad y = 150^{gr}, \quad \text{et} \quad z = 500^{gr}.$$

59. — *On a des balles de plomb de deux diamètres différents. On fait équilibre à une même tare placée dans l'un des plateaux de la balance, en mettant sur l'autre plateau 7 balles du premier module avec 2 du second, ou 4 du premier avec 7 du second, ou enfin des poids marqués dont la somme est* $184^{gr},5$. *On demande les poids respectifs des deux espèces de balles.*

Soient x et y ces deux poids.

On a les deux équations :

$$7x + 2y = 184,5,$$
$$4x + 7y = 184,5.$$

En résolvant ces équations, on trouve :

$$\frac{x}{5} = \frac{y}{3} = \frac{184,5}{41} = 4,5;$$

d'où :

$$x = 22,5,$$

et

$$y = 13,5.$$

§ III. Balance fausse.

60. — *Pour équilibrer une masse de* $p = 1781^{gr}$ *placée dans l'un des plateaux d'une balance fausse, il faut mettre* $P = 1807^{gr}$ *dans l'autre plateau. Si l'on ajoute* $p' = 959^{gr}$ *à la première, combien faudra-t-il ajouter à la seconde et quelles seront les masses qui se feront alors équilibre?*

Les masses qui se font équilibre, et celles qu'on peut leur ajouter simultanément sont dans un rapport constant.

On a donc :

$$\frac{x}{959} = \frac{1807}{1781};$$

d'où

$$x = 973,$$

et les masses qui se font équilibre sont :

$$2740 \quad \text{et} \quad 2780.$$

61. — *On sait que pour faire équilibre à un poids de* p = 191gr *placé dans l'un des plateaux d'une balance, il faut mettre* p' = 193gr *sur l'autre plateau. Partager le poids* P = 9kg,6 *en deux parties, qui puissent se faire équilibre sur cette même balance.*

Il s'agit de partager P en deux parties x et y proportionnelles aux poids p et p', c'est-à-dire telles que l'on ait :

$$x + y = P,$$

et

$$\frac{x}{p} = \frac{y}{p'}.$$

En additionnant ces deux fractions terme à terme, on obtient :

$$\frac{x}{p} = \frac{y}{p'} = \frac{P}{p + p'}.$$

Numériquement :

$$\frac{x}{191} = \frac{y}{193} = \frac{9600}{384} = 25;$$

d'où :

$$x = 191 \times 25 = 4775^{gr},$$
$$y = 193 \times 25 = 4825^{gr}.$$

62. — *Si l'on met* P = 500gr *sur chacun des plateaux d'une balance faussée, il faut ajouter* p = 5gr *dans le premier plateau pour établir l'équilibre. On change alors les deux masses de plateau, de sorte que le second plateau contient la masse* P + p, *et le premier plateau la masse* P. *Quel poids faut-il ajouter à cette dernière pour rétablir l'équilibre?*

Soit x ce poids.

Les masses qui se font équilibre dans cette balance fausse sont,

dans le premier cas : $P + p$ et P;

dans le second cas : $P + x$ et $P + p$.

Or, les masses qui se font ainsi équilibre restent dans un rapport constant. On a donc :

$$\frac{P + x}{P + p} = \frac{P + p}{P}.$$

Cette équation donne : $x = 2p + \frac{p^2}{P}$,

ou en remplaçant chaque lettre par sa valeur :

$$x = 10 + \frac{25}{500} = 10^{gr},05.$$

63. — *Un corps étant placé dans l'un des plateaux d'une balance fausse, il faut 2401gr pour lui faire équilibre. Si on le met dans l'autre plateau, il faut 200gr de plus. Quel est le poids de ce corps?*

Soit x ce poids. Les masses qui se font équilibre dans le premier et le second plateau, sont d'abord :

$$x \quad \text{et} \quad 2401^{gr};$$

puis
$$2601 \quad \text{et} \quad x.$$

Elles sont dans un rapport constant, c'est-à-dire que l'on a :

$$\frac{x}{2401} = \frac{2601}{x};$$

d'où :
$$x^2 = 2401 \times 2601;$$

et enfin :
$$x = \sqrt{2401 \times 2601} = 2499^{gr}.$$

64. — *Un corps placé dans l'un des plateaux d'une balance fausse est équilibré par un poids de 9999gr. Quand on le met dans l'autre plateau, il faut lui ajouter 400gr pour faire équilibre à la même tare. Quel est le poids de ce corps?*

Soit x le poids du corps.
Les masses qui se font équilibre sont :

$$x \quad \text{et} \quad 9999;$$

puis
$$9999 \quad \text{et} \quad x + 400.$$

En écrivant qu'elles sont dans un rapport constant, on obtient l'équation :

$$\frac{x}{9999} = \frac{9999}{x + 400},$$

ou
$$x^2 + 400x - 9999^2 = 0;$$

d'où
$$x = -200 + \sqrt{200^2 + 9999^2},$$
$$= -200 + 10001,$$
$$= 9801^{gr}.$$

CHAPITRE V

DENSITÉ

FORMULAIRE

Densité absolue. — *La* **densité absolue** *d'un corps est sa masse par unité de volume :* $d = \frac{M}{V}$ (1).

Densité relative. — *La* **densité relative** *d'un corps est le rapport de sa masse* M *à la masse* M' *du même volume d'eau :*

$$D = \frac{M}{M'}.$$

Elle est égale à la densité absolue, car une masse d'eau évaluée en grammes est égale à son volume mesuré en centimètres cubes.

Poids spécifique relatif. — *Le* **poids spécifique relatif** *d'un corps est le poids relatif de l'unité de volume.*

Il est égal à la densité absolue, puisque le poids relatif est égal à la masse.

La formule (1) peut s'écrire :

$$M = Vd \qquad \text{et} \qquad V = \frac{M}{d}.$$

Donc : 1° *La masse ou le poids relatif d'un corps est égale au produit de son volume par sa densité ;*

2° *Le volume d'un corps est égal au quotient de sa masse ou de son poids relatif par son volume.*

§ I. Calcul des poids.

65. — *Quel est le poids d'une poutre en sapin qui mesure* $a = 25^{cm}$ *de large sur* $b = 35^{cm}$ *d'épaisseur et* $c = 8^{m}$ *de long, sachant que la densité du sapin est* $d = 0{,}6$?

Le volume V de la poutre est égal au produit de ses trois dimensions : $V = abc$.

Son poids P est égal au produit du volume par la densité ;

$$P = Vd,$$

ou

$$P = abcd.$$

Numériquement, en prenant pour unités le décimètre et le kilogramme : $P = 2,5 \times 3,5 \times 80 \times 0,6 = 420^{kg}$.

66. — *Quel est le poids d'une barre de fer qui a une épaisseur* $a = 2^{cm}$ *sur une largeur* $b = 6^{cm}$ *et une longueur* $c = 3^{m},75$, *sachant que la densité du fer est* $d = 7,7$?

Le volume V de la barre est égal au produit de ses trois dimensions : $V = abc$.

Son poids P est le produit de son volume par sa densité :

$$P = Vd,$$

ou

$$P = abcd.$$

Numériquement, prenons pour unités correspondantes le décimètre et le kilogramme ; on a :

$$P = 0,2 \times 0,6 \times 37,5 \times 7,7 = 4,5 \times 7,7 = 34^{kg},65.$$

67. — *Quel est le poids d'un cylindre de fonte dont le diamètre égale* $56^{cm},8$ *et la hauteur* $3^{m},397$? (La densité de la fonte est 7,27.)

Le poids du corps est égal au produit de son volume par sa densité.

Le volume du cylindre est donné par la formule : $\pi r^2 h$, dans laquelle le rayon r et la hauteur h doivent être exprimés au moyen d'une même unité.

Si on les évaluait en centimètres, on obtiendrait le poids en grammes.

Si on les évalue en décimètres, on obtient le poids en kilogrammes.

Le poids demandé est donc :

$$3,1416 \times \overline{2,84}^2 \times 33,97 \times 7,25.$$

En effectuant les calculs, on obtient : 6240^{kg}.

Le cylindre pèse 6240^{kg}.

68. — *Quel est le poids d'une colonne cylindrique en marbre de densité* $d = 2,7$, *sachant qu'elle a un diamètre de* $2R = 60^{cm}$ *et une hauteur de* $h = 3^{m},20$?

Le poids d'un cylindre est égal au produit de sa densité d par son volume V.

On a : $$p = Vd.$$

Mais le volume d'un cylindre est donné par la formule :

$$V = \pi R^2 h.$$

Donc : $$p = \pi R^2 hd.$$

Le rayon R et la hauteur h doivent être exprimés au moyen d'une même unité.

Si on les évaluait en centimètres, on obtiendrait le poids en grammes.

En les évaluant en décimètres, nous aurons le poids en kilogrammes.

En remplaçant les lettres par leurs valeurs et effectuant les calculs, on obtient : $$p = 3,1416 \times \overline{2,5}^2 \times 32 \times 2,7,$$

$$p = 1696^{kg},464.$$

La colonne pèse 1696^{kg}.

69. — *Quelle différence de poids existe-t-il entre deux cubes de même arête* $a = 5^{cm}$, *l'un en plomb, de densité* $d = 11,25$, *l'autre en platine, de densité* $D = 21,45$?

Le volume du cube est a^3.

Le platine pèse : a^3D,

et le plomb : a^3d.

La différence est donc :

$$x = a^3D - a^3d = a^3(D - d),$$

c'est-à-dire, en remplaçant chaque lettre par sa valeur :

$$x = 125 \times 10,2 = 1275^{gr},$$

Le cube de platine pèse $1^{kg},275$ de plus que celui de plomb.

70. — *Le volume de la terre est* $V = 1083260$ *millions de kilomètres cubes, sa densité est* 5,5. *Quelle est sa masse évaluée en millions de tonnes ?*

Le mètre cube pèse en moyenne 5,5 tonnes.

Le kilomètre cube : $5,5 \times 10^9$ tonnes,

et le million de mètres cubes : $5,5 \times 10^9$ millions de tonnes.

Le nombre demandé est donc :

$$1083260 \times 5,5 \times 10^9,$$

ou : $$5957930 \times 10^9 \text{ millions de tonnes.}$$

71. — *Une barre de fer possède une section carrée de côté* $a = 43^{mm}$. *Combien pèse-t-elle par mètre courant, sachant que la densité du fer est* $d = 7,8$?

Le mètre courant a pour volume en centimètres cubes :

$$V = 100a^2 = 100 \times \overline{4,3}^2 = 1849.$$

Son poids est donc :

$$Vd = 1849 \times 7,8 = 14422^{gr},2,$$

ou $14^{kg},422$.

72. — *On a des tiges cylindriques en fer et des fils du même métal, dont la section est 256 fois plus petite. Les tiges pèsent* $3^{kg},19$ *par décimètre de longueur. Combien les fils pèsent-ils de grammes par mètre courant ?*

Chaque mètre des tiges pèse 31900^{gr}.
Chaque mètre des fils pèse 256 fois moins, c'est-à-dire :

$$\frac{31900}{256} = 125^{gr}.$$

Le fil pèse 125^{gr} par mètre courant.

73. — *Deux flacons de verre identiques contiennent chacun* $V = 750^{cc}$. *Quelle différence de poids présenteront-ils s'ils sont remplis, l'un de sulfure de carbone, dont la densité est* $d = 1,27$, *l'autre d'esprit de bois, dont la densité est* $d' = 0,80$?

Les deux flacons étant identiques, leur différence de poids x est la différence entre les poids des liquides qu'ils contiennent.

On a donc : $$x = Vd - Vd',$$

ou $$x = V(d - d') ;$$

ou, en remplaçant les lettres par leurs valeurs :

$$x = 750(1,27 - 0,80),$$
$$= 750 \times 0,47,$$
$$= 352^{gr},5.$$

Le flacon de sulfure de carbone pèse $352^{gr},5$ de plus que le flacon d'esprit de bois.

74. — *Quel poids d'huile, de densité* $d = 0,925$, *faut-il pour remplir un flacon de* $V = 400^{cc}$, *ou quel poids d'acide sulfurique de densité* $D = 1,85$?

En appliquant la formule $p = Vd$,
on obtient, pour le poids de l'huile :

$$p = 400 \times 0,925 = 370^{gr},$$

et pour le poids de l'acide

$$P = 400 \times 1,85 = 740^{gr}.$$

La densité de l'acide sulfurique étant le double de la densité de l'huile, on pouvait prévoir qu'à volume égal l'acide pèserait deux fois plus que l'huile.

75. — *Une tourie vide pèse* $p = 14^{kg},6$, *et sa contenance est de* $V = 74^{l}$. *Combien pèsera-t-elle si on la remplit d'acide sulfurique de densité* $d = 1,85$?

Le poids de l'acide contenu sera : $P = Vd$.

Le poids total de la tourie sera la somme :

$$x = P + p,$$

ou :

$$x = Vd + p.$$

c'est-à-dire, en remplaçant chaque lettre par sa valeur :

$$x = 74 \times 1,85 + 14,6,$$

$$x = 151^{kg},5.$$

76. — *Un flacon de* $V = 2^{l}$ *pèse* $m = 200^{gr}$ *de plus qu'un autre flacon de* $V' = 1^{l}$. *Quelle différence de poids présenteront-ils, si l'on remplit le premier d'esprit de bois dont la densité est* $d = 0,8$, *et le second d'acide sulfurique, dont la densité est* $d' = 1,85$?

Soit p le poids du premier flacon, celui du second sera :

$$p - m.$$

Rempli de liquide, le premier flacon pèsera :

$$p + Vd,$$

et le second

$$p - m + V'd'.$$

L'excès du premier poids sur le second est :

$$x = Vd + m - V'd'.$$

C'est-à-dire, en remplaçant les lettres par leurs valeurs et en prenant pour unité le gramme :

$$x = 1600 + 200 - 1850,$$

$$= -50^{gr}.$$

Cette réponse négative indique que le petit flacon pèse 50^{gr} de plus que le grand.

77. — *D'une caisse pesant* $P = 85^{kg}$ *on retire des billes qui pèsent* $p = 45^{gr}$ *la douzaine; et le poids de la caisse vide se réduit à* $P' = 7^{kg},24$. *Combien de billes a-t-on retirées?*

Le poids des billes est la différence : $P - P'$.

Chacune pesant $\frac{p}{12}$, leur nombre est égal au quotient :

$$\frac{12(P - P')}{p} = \frac{12 \times 77760}{45} = 20736.$$

Rép. La caisse contenait 20736 billes, ou 144 grosses de billes.

78. — *Une pièce de* 1^{fr} *pèse* 5^{gr} *et la monnaie d'or vaut, à poids égal, 15 fois et demi plus que la monnaie d'argent. Quelle est la valeur de* $P = 1240^{gr}$ *d'or monnayé, et quel est le poids de* $S = 1240^{fr}$ *en monnaie d'or?*

Soient x et y le poids et la somme demandés.
La valeur de l'or est à son poids dans un rapport constant.

On a :
$$\frac{x}{1240} = \frac{1240}{y} = \frac{15,5}{5} = \frac{31}{10};$$

d'où :
$$x = 124 \times 31 = 3844^{fr},$$

et
$$y = \frac{12400}{31} = 400^{gr}.$$

§ II. Calcul des volumes.

79. — *Quel est le volume d'un morceau de zinc dont la densité est* $d = 7,5$ *et qui pèse* $P = 3^{kg}$?

Soit V ce volume. La formule $P = Vd$ donne :

$$V = \frac{P}{d},$$

et, en remplaçant les lettres par leurs valeurs :

$$V = \frac{3}{7,5} = 0^{dc},4 \quad \text{ou } 400^{cc}.$$

80. — *Quel est le volume d'un morceau de peuplier sec, qui pese* $P = 649^{gr}$, *sa densité étant* $d = 0,472$?

Soit V ce volume.

On a : $$P = Vd,$$

d'où : $$V = \frac{P}{d},$$

et, en remplaçant les lettres par leurs valeurs :

$$V = \frac{649}{0,472} = 1375^{cc}.$$

81. — *Un thermomètre contient* $P = 34^{gr}$ *de mercure. Quel est le volume de ce liquide à 0°, sa densité étant* $D = 13,6$?

Soit V ce volume. La formule $P = VD$ donne :

$$V = \frac{P}{D},$$

et, en remplaçant les lettres par leurs valeurs :

$$V = \frac{34}{13,6} = 2^{cc},5.$$

82. — *Quel est le volume d'un kilogramme de mercure, dont la densité est* $d = 13,6$?

La formule $$P = Vd$$

donne : $$V = \frac{P}{d}.$$

En remplaçant les lettres par leurs valeurs et en prenant pour unité le centimètre, on a :

$$V = \frac{1000}{13,6} = 73^{cc},529.$$

83. — *Quel est le volume du plomb qui, dans une balance, fait équilibre à 908^cc de fer ?*

(Densité du fer, 7,29 ; du plomb, 11,35.)

Soit x le volume du plomb.

En écrivant que son poids est égal à celui de 908^{cc} de fer, on obtient l'équation : $$x \times 11,35 = 908 \times 7,29;$$

d'où : $$x = \frac{908 \times 7,29}{11,36} = 583^{cc},2.$$

Il faut $583^{cc},2$ de plomb.

84. — *On a taré une éprouvette contenant* $V = 20^{cc}$ *de mercure de densité* $d = 13,6$. *Quel volume de pétrole, de densité* $d' = 0,85$, *faudrait-il substituer au mercure dans cette même éprouvette pour faire équilibre à la même tare?*

Soit V' le volume du pétrole.

Il faut que le poids de ce pétrole soit égal à celui du mercure, c'est-à-dire que l'on ait : $V'd' = Vd$.

d'où :

$$V' = \frac{Vd}{d'},$$

et, en remplaçant chaque lettre par sa valeur :

$$V' = \frac{20 \times 13,6}{0,85} = 320^{cc}.$$

Il faudra 320^{cc}, c'est-à-dire 16 fois plus de pétrole que de mercure.

85. — *Une bouteille contient* $P = 34^{kg},65$ *de mercure, dont la densité est* $d = 13,6$. *Combien pèserait-elle en moins, si l'on remplaçait ce mercure par de l'alcool de densité* $d' = 0,8$?

Soit P' le poids d'alcool qui remplit la bouteille. La différence demandée est : $x = P - P'$.

Or en égalant entre elles deux expressions du volume de la bouteille, on a :

$$\frac{P}{d} = \frac{P'}{d'},$$

d'où :

$$\frac{P}{d} = \frac{P - P'}{d - d'},$$

et enfin :

$$x = \frac{P(d - d')}{d}.$$

En remplaçant les lettres par leurs valeurs, on obtient :

$$x = \frac{34,65 \times 12,8}{13,6} = 32^{kg},61.$$

86. — *Un flacon était plein d'alcool de densité* $d = 0,8$; *ayant remplacé l'alcool par de la glycérine, dont la densité est* $d' = 1,26$, *on remarque que le poids du flacon a augmenté de* $p = 690^{gr}$. *Quel est le volume de ce flacon?*

Soit V le volume du flacon. L'augmentation de poids est l'excès du poids de la glycérine sur celui de l'alcool.

On a donc : $$p = Vd' - Vd,$$

d'où : $$V = \frac{p}{d' - d},$$

ou, en remplaçant les lettres par leurs valeurs :

$$V = \frac{690}{0,46} = 1500^{cc}.$$

Le flacon a une contenance de 1 litre et demi.

87. — *Connaissant la densité* d *d'un corps, trouver son volume spécifique, c'est-à-dire le volume de l'unité de masse.*

Application : *pour le platine,* d = 21 ; *pour le plomb,* d = 11,3 ; *pour le fer,* d = 7,7 ; *pour l'aluminium,* d = 2,5 ; *pour le sapin,* d = 0,50 ; *et pour le liège,* d = 0,24.

La masse M du volume V est donnée par la formule :

$$M = Vd,$$

d'où l'on tire : $$V = \frac{M}{d}.$$

En appliquant cette dernière à la masse M = 1, qui possède un volume V = x, on a : $$x = \frac{1}{d}.$$

Ainsi le volume spécifique est l'inverse de la masse spécifique :

Les volumes spécifiques des corps considérés sont donc respectivement :

pour le platine, $$x = \frac{1}{21} = 0,046535,$$

pour le plomb, $$x = \frac{1}{11,3} = 0,088495,$$

pour le fer, $$x = \frac{1}{7,7} = 0,12987,$$

pour l'aluminium, $$x = \frac{1}{2,5} = 0,4,$$

pour le sapin, $$x = \frac{1}{0,50} = 2,$$

pour le liège, $$x = \frac{1}{0,24} = 4,166.$$

Ainsi le volume spécifique d'un corps augmente de plus en plus à mesure que sa densité diminue.

88. — *La densité du magnésium étant* $d = 1,74$, *et celle du platine laminé* $D = 23$, *quel est le rapport des volumes de deux poids égaux de magnésium et de platine?*

Soit P le poids considéré. Les volumes respectifs du magnésium et du platine sont: $\frac{P}{d}$ et $\frac{P}{D}$;

leur rapport est donc: $x = \frac{P}{d} : \frac{P}{D} = \frac{D}{d}$.

Il est égal au rapport inverse des densités.

Numériquement on trouve:

$$x = \frac{23}{1,74} = 13,2.$$

A poids égal, le magnésium est 13 fois plus volumineux que le platine.

89. — *On prend* 100^{kg} *d'eau à* 4° *et on la chauffe jusqu'à la température* 100°. *De combien se dilate son volume, sachant que la densité de l'eau à* 100° *est* $d = 0,95865$?

Le volume du kilogramme d'eau à 100° est le quotient:

$$v = \frac{p}{d} = \frac{1000}{0,95865} = 1043,13.$$

La dilatation demandée est donc:

$$x = 100(v - 1000) = 4313^{cc} = 4^{l},313.$$

90. — *Quelle est la différence de volume entre* 1^{kg} *d'argent, de densité* $d = 10,45$, *et* 1^{kg} *d'or, de densité* $d' = 19,15$?

Soit P le poids de chacun des métaux.

Leurs volumes respectifs sont:

$$\frac{P}{d} \quad \text{et} \quad \frac{P}{d'},$$

et la différence de ces volumes:

$$x = P\left(\frac{1}{d} - \frac{1}{d'}\right) = \frac{P(d' - d)}{dd'}.$$

Numériquement, en prenant le centimètre pour unité:

$$x = \frac{1000 \times 8,6}{10,45 \times 19,15},$$

$$x = 42^{cc},974.$$

91. — *La densité du fer fondu est* $d=7,2$ *et celle du fer forgé* $d'=7,8$. *Quelle réduction de volume le martelage fait-il subir à* $P=1^{kg}$ *de fer fondu?*

Les volumes respectifs du fer fondu et du fer forgé sont les quotients:

$$\frac{P}{d} \quad \text{et} \quad \frac{P}{d'}.$$

La diminution de volume est la différence:

$$x=P\left(\frac{1}{d}-\frac{1}{d'}\right) \quad \text{ou} \quad \frac{P(d'-d)}{dd'}.$$

En remplaçant les lettres par leurs valeurs, on obtient, en centimètres cubes:

$$x=\frac{1000\times0,6}{7,8}=76^{cc},9.$$

92. — *Dans un plateau de chêne de densité* $d=1,16$, *on creuse une cavité dans laquelle on fixe une plaque en fonte de poids* $P=8^{kg},5$ *et de densité* $D=6,8$, *qui s'y encastre exactement. Quel est l'accroissement de poids du plateau de chêne?*

L'augmentation demandée est égale au poids de la fonte, moins le poids d'un égal volume de chêne.

Or le volume V de la fonte est égal au quotient de son poids P par sa densité D.

On a:

$$V=\frac{P}{D}.$$

Donc l'accroissement de poids est:

$$x=P-Vd,$$

ou:

$$x=P-\frac{Pd}{D}.$$

ou:

$$x=\frac{P(D-d)}{D}.$$

Et enfin, en remplaçant les lettres par leurs valeurs numériques:

$$x=\frac{8,5\times5,64}{6,8}=7^{kg},05.$$

93. — *Un paquet de fil de cuivre pèse* $P=5^{kg}$; *la section de ce fil est* $s=0^{cq},01$ *et sa densité* $d=8,95$. *On demande quelle est sa longueur?*

Soit l cette longueur. Le poids P est égal au volume du fil sl multiplié par sa densité d.

On a donc : $P = sld$;

d'où : $l = \frac{P}{sd}$.

En remplaçant les lettres par leurs valeurs et en prenant pour unité le centimètre, on obtient :

$$l = \frac{5000}{0,01 \times 8,95} = \frac{50000000}{895},$$

ou : $l = 55866^{cm}$,

ou : $l = 558^{m},66$.

94. — *On a un fil de fer dont la longueur est* $l = 260^{m}$ *et la densité* $d = 7,4$. *On le fait passer à la filière, de manière que sa section devienne* $n = 3$ *fois plus petite. Que devient sa longueur, sachant que sa densité acquiert la valeur* $d' = 7,8$?

Soient s sa section primitive et x sa longueur finale.

Le poids du fer n'ayant pas changé, égalons entre elles deux expressions de ce poids.

On a : $sld = \frac{s}{n} xd'$;

d'où : $x = \frac{nld}{d'}$,

c'est-à-dire : $x = \frac{3 \times 260 \times 74}{78} = 740^{m}$.

95. — *Un coffre contient* $7^{kg},8$ *de monnaie d'or et d'argent. Trouver la somme d'or, sachant qu'elle est égale au quadruple de la somme d'argent.*

On sait que le kilogramme d'argent vaut 200^{fr} et que le kilogramme d'or vaut 15,5 fois plus, c'est-à-dire 3100^{fr}.

Le poids d'une somme d'argent est donc le quotient de sa valeur par 200, et le poids d'une somme d'or s'obtient en divisant cette somme par 3100.

Soit x la valeur de l'argent contenu dans le coffre, celle de l'or sera $4x$, et l'on aura pour le poids total :

$$\frac{x}{200} + \frac{4x}{3100} = 7,8.$$

Équation d'où l'on tire : $x = 2480$.

La somme demandée est donc :

$$4x = 9920^{fr}.$$

96. — *Pour construire la tour Eiffel, de 300^{m} de hauteur sur une base carrée de 100^{m} de côté, on a employé 6500 tonnes de fer dont la densité est 7,8. A quoi se réduirait la hauteur de cette tour, si elle était transformée en une pyramide massive reposant sur la même base?*

Le poids P de cette pyramide serait égal au tiers du produit de sa base S par sa hauteur h et par sa densité d.

On aurait :
$$P = \frac{1}{3} Shd,$$

d'où :
$$h = \frac{3P}{Sd}.$$

En remplaçant les lettres par leurs valeurs, et prenant pour unités le mètre et la tonne :

$$h = \frac{3 \times 6500}{10000 \times 7,8} = 0^{m},25.$$

La pyramide massive n'aurait que 25^{cm} de hauteur.

97. — *Dans une éprouvette graduée contenant* $v = 250^{cc}$ *de sable, on verse* $v' = 150^{cc}$ *d'eau. Le volume total est* $V = 352^{cc},5$. *On demande quel volume d'eau on peut ajouter dans un vase de* 1^{l} *qui serait complètement rempli de ce même sable.*

Le volume demandé x n'est autre que le volume laissé vide entre les grains dans un décimètre cube de sable.

Or dans un volume v de sable, le volume des vides est la différence :
$$(v + v') - V.$$

Le volume des vides étant proportionnel au volume total du sable, on a :
$$\frac{x}{(v + v') - V} = \frac{1000}{v};$$

d'où, en remplaçant les lettres par leurs valeurs :

$$x = \frac{1000\,(v + v' - V)}{v} = \frac{1000 \times 47,50}{250} = 190^{cc}.$$

Dans un litre de sable on peut verser 190^{cc} d'eau.

98. — *Un litre de sable sec pèse* $p = 1^{kg},59$. *Il est entièrement formé de silice, dont la densité à l'état compact est* $D = 2,65$. *Combien pèserait-il s'il était complètement imbibé d'eau?*

Le volume occupé par la silice est égal au quotient de son poids par sa densité : $v = \frac{p}{D} = \frac{1590}{2,65}$.

Le volume occupé par les interstices est la différence :

$$v' = 1000 - v = \frac{2650 - 1590}{2,65},$$

$$v' = \frac{1060}{2,65} = 400^{cc}.$$

L'accroissement de poids du sable sec est égal au poids 400^{gr} de ce même volume d'eau.

Le poids du sable rempli d'eau est donc la somme :

$$p + v' = 1^{kg},99.$$

§ III. Calcul des densités.

99. — *Une plaque de marbre pèse* $P = 14^k,2$. *Elle mesure* $a = 80^{cm}$ *de long sur* $b = 25^{cm}$ *de large et* $c = 25^{mm}$ *d'épaisseur. Quelle est la densité du marbre?*

Soient V le volume d'un corps et d sa densité.

On a : $P = Vd$; d'où $d = \frac{P}{V}$.

Dans le cas actuel, $V = abc$.

Donc $d = \frac{P}{abc}$.

En prenant pour unités le décimètre et le kilogramme, on obtient

$$d = \frac{14,2}{8 \times 2,5 \times 0,25},$$

ou

$$d = \frac{14,2}{5} = 2,84.$$

100. — *Un morceau d'ivoire pèse* $P = 125^{gr},15$ *et, en le plongeant dans une éprouvette graduée, on constate qu'il déplace* $V = 80^{cc}$ *d'eau. Quelle est la densité de cet ivoire?*

La densité est le poids du centimètre cube. Elle est donnée par le quotient $d = \frac{P}{V}$.

En remplaçant P et V par leurs valeurs, et en effectuant la division, on trouve :

$$d = \frac{125,15}{80} = 1,564.$$

La densité demandée est 1,564.

101. — *Un morceau de nickel pèse* p = 621^{gr} *et il déplace* v = 75^{cc} *d'eau. Quelle est sa densité?*

La densité d est le rapport du poids au volume :

$$d = \frac{p}{v} = \frac{621}{75} = 8,28.$$

102. — *Une éprouvette contient* v = 250^{cc}. *Son poids augmente de* p = 179^{gr}, *quand on la remplit d'éther. Quelle est la densité de ce liquide?*

Cette densité d est égale au rapport :

$$d = \frac{p}{v} = \frac{179}{250} = 0,716.$$

103. — *On met sur l'un des plateaux d'une balance une éprouvette contenant* v = 150^{cc} *d'acide azotique et on fait la tare dans l'autre plateau. On vide l'éprouvette, on la lave, on l'essuie et on la remet sur la balance. Pour rétablir l'équilibre, il faut ajouter* P = 228^{gr}. *Quelle est la densité de l'acide azotique?*

Le poids P n'est autre que la masse des V^{cc} d'acide azotique. Leur densité est égale au rapport :

$$d = \frac{P}{V} = \frac{228}{150} = 1,52.$$

104. — *Dans l'un des plateaux d'une balance on place des poids marqués et une éprouvette graduée contenant de l'eau, puis on fait la tare dans l'autre plateau. Ayant de l'améthyste ou quartz violet en petits fragments, on fait tomber ces fragments dans l'éprouvette. Le volume apparent de l'eau augmente de* v = 34^{cc} *et, pour rétablir l'équilibre de la balance, il faut enlever* p = 90^{gr},10 *aux poids marqués placés à côté de l'éprouvette. Quelle est la densité de l'améthyste?*

Les nombres donnés v et p ne sont autres que le volume et le poids de l'améthyste soumise à l'expérience.

La densité demandée est donc le rapport :

$$d = \frac{p}{v} = \frac{90,10}{34} = 2,65.$$

105. — *Quelle est la densité des pièces de* 5^fr^ *en argent, sachant que ces pièces pèsent* 25^gr^ *et que si l'on en met* 40 *dans un vase gradué contenant* 250^cc^, *il faut ajouter* 152^cc^,79 *d'eau pour achever de remplir ce vase?*

Le volume d'une pièce est :

$$v = \frac{250 - 152,79}{40} = \frac{97,21}{40} = 2^{cc},43025.$$

Sa densité est le rapport :

$$d = \frac{p}{v} = \frac{25}{2,43025} = 10,287.$$

106. — *Quelle est la densité des monnaies d'or, sachant qu'un kilogramme d'or monnayé vaut* 3 100^fr^ *et qu'un décimètre cube d'or monnayé vaudrait* 54 715^fr^ ?

D'après ces données, un franc d'or monnayé pèse :

$$p = \frac{1}{3100},$$

et son volume est :

$$v = \frac{1}{54715}.$$

Sa densité est le rapport :

$$d = \frac{p}{v} = \frac{54,715}{3,100} = 17,65.$$

107. — *Ayant un gros échantillon de grès des Vosges, on se propose de comparer la densité du grès en fragments avec la densité du grès en poudre. On brise l'échantillon en plusieurs morceaux et l'on pulvérise les plus petits de ces fragments. L'un des morceaux pèse* p = 144^gr^,1 *et son volume est* v = 65^cc^,5. *Dans l'un des plateaux de la balance on place des poids marqués et une éprouvette graduée contenant de l'eau, puis on fait la tare de l'autre côté. On verse alors dans l'éprouvette du grès en poudre, de manière que le volume apparent du liquide augmente* *de* $v' = 50^{cc}$, *et l'on constate que pour rétablir l'équilibre, il faut retirer du plateau* $p' = 132^{gr}$ *de poids marqués. D'après cela, quelle est la densité du grès en fragments, celle du grès en poudre et dans quelle proportion diminue la densité du grès lorsqu'on le pulvérise?*

La densité du grès en fragments est :

$$d = \frac{p}{v} = \frac{144,1}{65,5} = 2,2\,;$$

celle du grès en poudre :

$$d' = \frac{p'}{v'} = \frac{132}{50} = 2,64.$$

La densité du grès pulvérisé diminue donc dans le rapport :

$$\frac{d' - d}{d} = \frac{0,44}{2,2} = 0,2.$$

Méthode du flacon.

108. — *Trouver la densité de l'acide sulfurique, sachant qu'il faut* $92^{gr},5$ *de cet acide ou* 50^{gr} *d'eau pour remplir exactement le même flacon.*

La densité d'un corps est égal au quotient du poids de ce corps par le poids du même volume d'eau.

La densité demandée est donc :

$$\frac{92,5}{50} = 1,85.$$

109. — *Pour remplir un petit flacon de verre, il faut* $62^{gr},5$ *d'eau ou* 53^{gr} *d'huile de naphte. Quelle est la densité de cette huile?*

La densité est le rapport du poids de l'huile au poids du même volume d'eau, c'est-à-dire :

$$d = \frac{53}{62,5} = 0,848.$$

110. — *On place dans l'un des plateaux de la balance un morceau de fer magnétique et un flacon à déversement plein d'eau, puis on fait la tare dans l'autre plateau. Si on enlève le morceau de fer, il faut mettre* $p = 178^{gr},2$ *de* *poids marqués pour le remplacer. Si on l'introduit dans le flacon, il ne faut plus que p' = 36gr pour rétablir l'équilibre. Quelle est la densité du fer magnétique?*

Le poids p' est le poids d'un volume d'eau égal à celui de l'échantillon de fer.

La densité du minéral est donc le rapport :

$$d = \frac{p}{p'} = \frac{178,2}{36} = 4,95.$$

111. — *Un morceau d'agate étant placé sur le plateau de la balance, à côté d'un flacon à déversement, rempli d'eau, on a fait la tare. Si l'on retire l'agate, il faut p = 32gr pour la remplacer. Si on la plonge dans l'eau du flacon, il ne faut plus que p' = 12gr,5 pour rétablir l'équilibre. Quelle est la densité de l'agate?*

Cette densité est égale au rapport :

$$d = \frac{p}{p'} = \frac{32}{12,5} = 2,56.$$

112. — *Un flacon plein de lait étant sur l'un des plateaux de la balance, on en fait la tare. Si l'on remplace le lait par de l'eau, il faut ajouter p = 12gr à côté du flacon pour rétablir l'équilibre. Si l'on jette l'eau, et qu'après avoir essuyé le flacon on le remette sur le plateau, il faut qu'il y ait à côté de lui P = 387gr pour rétablir l'équilibre. Quelle est la densité du lait?*

Le poids du lait est P, et le poids du même volume d'eau $P - p$.
La densité du lait est donc :

$$d = \frac{P}{P - p} = \frac{387}{375} = 1,032.$$

113. — *Un flacon rempli d'eau étant placé sur la balance, on fait la tare. Si l'on remplace l'eau par de la benzine, il faut ajouter p = 21gr de poids marqués pour rétablir l'équilibre. Si l'on vide le flacon, et qu'après l'avoir nettoyé et essuyé on le remette sur la balance, il faut augmenter les poids marqués de P = 154gr pour rétablir de nouveau l'équilibre. Quelle est la densité de la benzine?*

Le poids de la benzine est $P = 154^{gr}$; celui du même volume d'eau est :

$$P + p = 175^{gr}.$$

La densité de la benzine est donc :

$$d = \frac{P}{P+p} = \frac{154}{175} = 0,88.$$

§ IV. Densités des alliages et des mélanges.

114. — *Le tain des glaces est composé d'étain, amalgamé avec le quart de son poids de mercure. Quelle est la densité de cet amalgame, sachant que les densités de l'étain et du mercure sont* $d = 7,29$ *et* $D = 13,6$?

Soit x la densité demandée.

1^{gr} de mercure avec 4^{gr} d'étain donnent 5^{gr} d'amalgame.

En écrivant que le volume de ce dernier est égal à la somme des volumes de ses parties, on obtient l'équation :

$$\frac{1}{13,6} + \frac{4}{7,29} = \frac{5}{x},$$

ou

$$\frac{5}{x} = \frac{61,69}{13,6 \times 7,29};$$

d'où :

$$x = \frac{5 \times 13,6 \times 7,39}{61,69} = 8,035.$$

115 — *Le bronze des cloches est composé de* $p = 78$ *parties de cuivre pour* $p' = 22$ *parties d'étain, en poids. La densité du cuivre étant* $d = 8,85$ *et celle de l'étain* $d' = 7,29$, *quelle est la densité de l'alliage, en admettant qu'il ne se produise aucune contraction?*

Soit x cette densité.

En écrivant que le volume de l'alliage est égal à la somme des volumes des deux métaux qui le composent, on obtient l'équation :

$$\frac{p}{d} + \frac{p'}{d'} = \frac{p+p'}{x};$$

d'où :

$$x = \frac{(p+p')dd'}{pd' + dp'}.$$

En remplaçant les lettres par leurs valeurs, et divisant haut et bas par 2, on obtient : $x = \dfrac{50 \times 885 \times 7,29}{39 \times 729 + 11 \times 885},$

ou $$x = \frac{50 \times 885 \times 7,29}{38166};$$

et enfin : $$x = 8,45.$$

116. — *Quelle est la densité du maillechort, composé en poids de 50 parties de cuivre, 25 de zinc et 25 de nickel? Les densités respectives de ces trois métaux sont :*

8,85, 7,15 *et* 8,28.

Soit x la densité de l'alliage.

En écrivant que le volume total est égal à la somme de ses parties, on obtient l'équation :

$$\frac{50}{8,85} + \frac{25}{7,15} + \frac{25}{8,28} = \frac{100}{x},$$

ou, en divisant tous les termes par 25 :

$$\frac{4}{x} = \frac{2}{8,85} + \frac{1}{7,15} + \frac{1}{8,28} = 0,4864;$$

d'où $$x = 8,223.$$

117. — *Deux essences ont pour densités respectives* $d = 0,7$ *et* $d' = 1,06$. *Dans quelle proportion en volume faut-il les mélanger, pour obtenir un mélange de même densité que l'eau?*

Soient v, v' les volumes à mélanger.

En écrivant que le poids du mélange est égal à la somme de ses deux parties, on obtient l'équation :

$$vd + v'd' = v + v';$$

d'où l'on tire le rapport :

$$\frac{v}{v'} = \frac{d' - 1}{1 - d} = \frac{0,06}{0,30} = \frac{1}{5}.$$

Donc, pour chaque litre de la première essence, il faut prendre 5^l de la seconde.

118. — *Dans quelle proportion en poids faut-il fondre ensemble du cuivre de densité* $d = 8,85$ *avec de l'étain de densité* $d' = 7,29$, *pour obtenir un bronze de densité* $d'' = 8,49$?

Soient x le poids du cuivre et y le poids de l'étain. Leurs volumes respectifs seront : $$\frac{x}{d}, \qquad \frac{y}{d'},$$

et celui du bronze : $$\left(\frac{x}{d} + \frac{y}{d'}\right).$$

En écrivant que le poids total est égal à la somme de ses parties, on obtient l'équation :

$$x+y=\left(\frac{x}{d}+\frac{y}{d'}\right)d'',$$

ou

$$x\left(\frac{1}{d''}-\frac{1}{d}\right)=y\left(\frac{1}{d'}-\frac{1}{d''}\right),$$

ou

$$\frac{x(d-d'')}{d}=\frac{y(d''-d')}{d'};$$

d'où l'on tire :

$$\frac{x}{y}=\frac{d(d''-d')}{d'(d-d'')}.$$

Numériquement :

$$\frac{x}{y}=\frac{2930}{729}=4{,}018.$$

Ainsi, pour chaque kilogramme d'étain, il faut prendre 4018gr de cuivre.

119. — *On a 1300gr d'eau salée qui contiennent 25gr de sel. Quel poids d'eau faut-il faire évaporer pour que le mélange contienne exactement 2 pour 100 de sel?*

Soit x le poids de l'eau à faire évaporer.

La proportion de sel deviendra :

$$\frac{25}{1300-x}=\frac{2}{100}.$$

Cette équation donne : $x=50^{gr}$.

120. — *La densité de l'eau de mer est* d = 1,026 *et la densité du sel* D = 2,14. *Quel est le poids de sel contenu dans un litre d'eau de mer?*

Soit p ce poids, son volume est $\frac{p}{D}$, et le poids total d'un litre d'eau de mer peut s'écrire :

$$p+\left(1000-\frac{p}{D}\right)=d;$$

cette équation donne :

$$p\left(1-\frac{1}{D}\right)=d-1000;$$

d'où

$$p=\frac{D(d-1000)}{D-1};$$

et en remplaçant les lettres par leurs valeurs :

$$p=\frac{2{,}14\times26}{1{,}14}=48^{gr},80.$$

121. — *Les densités de l'eau de mer et du sel étant* $d=1{,}026$ *et* $D=2{,}14$, *quel est le volume de l'eau pure contenue dans* 1^{kg} *d'eau de mer ?*

Le volume du kilogramme d'eau de mer est, en centimètres cubes :

$$\frac{1000}{d}.$$

Soit x le volume de l'eau pure, celui du sel sera :

$$\frac{1000}{d}-x.$$

Le poids total du kilogramme d'eau de mer peut donc s'écrire :

$$x+\left(\frac{1000}{d}-x\right)D=1000.$$

Cette équation donne :

$$x=\frac{1000(D-d)}{(D-1)d};$$

c'est-à-dire :

$$x=\frac{1114}{1{,}14\times 1{,}026}=952^{cc}{,}4.$$

122. — *Un bijou en or pèse* $p=37^{gr}{,}21$, *et il déplace* $v=2^{cc}{,}5$ *d'eau. Quel poids d'or contient-il, sachant que les densités de l'or et du cuivre sont* $D=19{,}26$ *et* $d=8{,}85$?

Soit x le poids de l'or; celui du cuivre sera $(p-x)$. En écrivant que le volume de l'objet est égal à la somme des volumes de ces deux métaux, on obtient l'équation :

$$\frac{x}{D}+\frac{p-x}{d}=v;$$

d'où l'on tire :

$$x=\frac{D(p-vd)}{D-d}.$$

En remplaçant les lettres par leurs valeurs, on trouve :

$$x=\frac{19{,}26\times 15{,}085}{10{,}41}=27^{gr}{,}90.$$

123. — *Trouver les densités* x *et* y *de deux liquides, sachant que* a^{cc} *du premier avec* b^{cc} *du second donnent un mélange de densité* d, *et que* a'^{cc} *du premier avec* b'^{cc} *du second donnent un mélange de densité* d' ?

En écrivant que le poids de chaque mélange est égal à la somme de ses parties, on obtient les deux équations :

$$ax + by = (a + b)d,$$

$$a'x + b'y = (a' + b')d';$$

d'où l'on tire : $$x = \frac{(a + b)db' - (a' + b')bd'}{ab' - ba'},$$

$$y = \frac{(a' + b')ad' - (a + b)da'}{ab' - ba'}.$$

124. — *Trouver les densités* x *et* y *de deux liquides, sachant que* m^gr^ *du premier avec* n^gr^ *du second donnent un mélange de densité* d, *et que* m'^gr^ *du premier avec* n'^gr^ *du second donnent un mélange de densité* d' ?

En écrivant que le volume de chaque mélange est égal à la somme des volumes de ses parties, on obtient les deux équations :

$$\frac{m}{x} + \frac{n}{y} = \frac{m + n}{d},$$

$$\frac{m'}{x} + \frac{n'}{y} = \frac{m' + n'}{d'},$$

d'où l'on tire d'abord :

$$\frac{1}{x} = \frac{(m + n)n'd' - (m' + n')nd}{(mn' - nm')dd'},$$

$$\frac{1}{y} = \frac{(m' + n')md - (m + n)m'd'}{(mn' - nm')dd'}.$$

Les inconnues x et y sont les inverses de ces deux fractions.

§ V. Chute des corps.

FORMULAIRE

Chute libre dans le vide. — *Abstraction faite de la résistance de l'air, tous les corps abandonnés à eux-mêmes en chute libre, tombent verticalement d'un mouvement uniformément accéléré.*

L'accélération de la pesanteur est la même pour tous les corps. A Paris, sa valeur est :

$$g = 981^{cm}.$$

Si le corps pesant est abandonné à lui-même sans vitesse initiale, et si l'origine des espaces coïncide avec l'origine du temps, les lois de la chute libre se résument dans ces deux formules :

$$v = gt, \qquad e = \frac{gt^2}{2}.$$

Alors 1° : *La vitesse acquise est proportionnelle au temps de chute.*

2° *L'espace parcouru est proportionnel au carré du temps employé à le parcourir.*

125. — *Une pierre tombant dans un puits de mine n'atteint le fond qu'après 7,5 secondes. Trouver la profondeur du puits.* (g = 9,81.)

L'espace parcouru par un corps, qui tombe en chute libre sans vitesse initiale, est donné par la formule connue :

$$e = \frac{gt^2}{2}.$$

En remplaçant g et t par leurs valeurs numériques, on obtient :

$$e = \frac{9{,}81 \times 7{,}5^2}{2} = 275^{m}{,}9.$$

Rép. La profondeur du puits est $275^{m},9$.

126. — *Quel temps mettra un corps pour tomber au fond d'un puits de* 400^{m} *de profondeur?* ($g = 9^{m},8$.)

Dans le mouvement de la chute des corps, l'espace et le temps sont liés par la formule connue : $e = \frac{gt^2}{2}$.

En résolvant cette équation par rapport à t, on obtient :

$$t = \sqrt{\frac{2e}{g}}.$$

En remplaçant chaque lettre par sa valeur donnée, il vient :

$$t = \sqrt{\frac{800}{9{,}8}},$$

ou :

$$t = 9^{s}{,}035.$$

Ainsi, pour arriver au fond du puits, le corps mettra 9^{s}, abstraction faite de la résistance de l'air, qui ralentira le mouvement de sa chute.

127. — *Un corps tombant en chute libre atteint le sol avec une vitesse* $v = 24^{m},50$. *Pendant combien de temps et de quelle hauteur est-il tombé? On donne* $g = 980^{cm}$.

Soient t le temps et h la hauteur.

On a : $v = gt;$

d'où :

$$t = \frac{v}{g} = \frac{24,5}{9,8} = 2^s,5,$$

et

$$h = \frac{gt^2}{2} = 4,9 \times 6,25 = 30^m,625.$$

Ainsi, le corps est tombé pendant $2^s,5$ et sa hauteur de chute est $30^m,62$.

128. — *Quelle est la vitesse d'un corps qui est tombé en chute libre d'une hauteur égale à celle de la flèche de la cathédrale de Rouen* (150^m) ?

Dans le mouvement de la chute des corps, l'espace e, la vitesse v et le temps t sont liés par les deux formules :

$$v = gt, \qquad e = \frac{gt^2}{2}.$$

Pour obtenir une relation entre la vitesse v et l'espace e, il suffit d'éliminer le temps t.

La seconde équation donne :

$$t = \sqrt{\frac{2e}{g}};$$

en tenant compte de cette valeur, la première équation devient :

$$v = g\sqrt{\frac{2e}{g}} = \sqrt{2ge}.$$

Telle est la formule qui exprime la vitesse acquise en fonction de l'espace parcouru.

En substituant $g = 9,81$, et $e = 150^m$,

on obtient : $v = \sqrt{9,81 \times 300}$

ou $v = \sqrt{2943}$

et enfin $v = 54,24.$

Ainsi, après 150^m de chute, le corps possédera une vitesse de $54^m,24$ par seconde.

129. — *Une pierre tombe dans un puits de mine; calculer les espaces qu'elle parcourt pendant la première, la deuxième, la troisième et la quatrième seconde. Trouver la valeur de l'accroissement constant de l'espace qu'elle parcourt pendant les secondes successives* ($g = 9,8$) par seconde.

Cherchons la formule de l'espace h parcouru pendant la n^e seconde.

C'est l'espace parcouru pendant les n premières secondes, moins l'espace parcouru pendant les $(n-1)$ premières secondes, c'est-à-dire :

$$h = \frac{gn^2}{2} - \frac{g(n-1)^2}{2},$$

$$h = \frac{g}{2}\left\{n^2 - (n-1)^2\right\},$$

$$h = \frac{g}{2}(2n-1);$$

ou, en remplaçant g par sa valeur :

$$h = 4{,}9(2n-1).$$

Pour obtenir les espaces x_1, x_2, x_3, x_4, parcourus respectivement pendant la 1re, la 2e, la 3e et la 4e seconde, il suffit d'appliquer la formule précédente dans les cas particuliers où l'on a :

$$n=1, \quad n=2, \quad n=3, \quad n=4.$$

On trouve :

$$x_1 = 4{,}9, \quad x_2 = 4{,}9 \times 3, \quad x_3 = 4{,}9 \times 5, \quad x_4 = 4{,}9 \times 7.$$

Ainsi :

1° $\quad x_1 = 4^m{,}9, \quad x_2 = 14^m{,}7, \quad x_3 = 24^m{,}5, \quad x_4 = 34^m{,}3.$

2° L'accroissement de l'espace de chaque seconde à la suivante est constamment égal à :

$$4{,}9 \times 2, \qquad \text{ou} \qquad 9^m{,}8.$$

130. — *Quel est le travail de la pesanteur sur un corps de poids* $P = 200^{kg}$, *qui tombe librement pendant un temps* $t = 3^s$?

Le travail de la pesanteur est égal au produit de la force par le chemin, c'est-à-dire au poids du corps multiplié par la hauteur de chute.

Cette hauteur est : $\qquad e = \frac{gt^2}{2}.$

Le travail demandé est donc :

$$\mathfrak{T} = Pe = \frac{Pgt^2}{2}.$$

En remplaçant les lettres par leurs valeurs, on obtient :

$$\mathfrak{T} = 100 \times 9{,}81 \times 9 = 8829^{kgm}.$$

Ainsi, le travail demandé est :

$$8829^{kgm}.$$

HYDROSTATIQUE

CHAPITRE II

PRINCIPE DE PASCAL

FORMULAIRE

Pression. — *La* **pression** p *sur une surface est la poussée par unité de surface :* $p = \frac{P}{S}$.

Quand la pression est uniforme, la poussée totale est proportionnelle à la surface pressée $P = pS$.

Les unités C. G. S. de pression sont : la *barye* ou *dyne par centimètre carré*, et l'*atmosphère* C. G. S. ou *mégabarye*, qui équivaut à 75cm de mercure.

Les unités pratiques sont : le *kilogramme par centimètre carré* et l'*atmosphère* ou pression atmosphérique de 76cm de mercure.

Principe de Pascal. — ***Dans un liquide non pesant, en équilibre, la pression est constante et indépendante de la direction.***

Donc : 1° *Un liquide transmet intégralement et dans tous les sens les pressions qu'il supporte ;*

2° *La poussée d'un liquide sur une surface est proportionnelle à l'étendue de cette surface.*

§ I. Pressions.

131. — *Une colonne en pierre du poids de* $P = 2500^{kg}$ *repose sur une base horizontale de surface* $S = 62^{dq},5$. *Quelle pression exerce-t-elle par centimètre carré?*

Cette pression est donnée par le rapport :

$$p = \frac{P}{S}.$$

En prenant pour unités le centimètre carré et le gramme, on obtient :

$$p = \frac{2500000}{6250} = 400^{gr}.$$

132. — *Une plaque d'étain qui pèse* $P = 51^{kg},1$ *repose sur une base horizontale de surface* $S = 35^{dq}$. *Quelle pression exerce-t-elle par centimètre carré ?*

Cette pression est donnée par le quotient :

$$p = \frac{P}{S} = \frac{51100}{3500} = 14^{gr},6.$$

133. — *Une feuille de plomb étendue sur le sol pèse* $P = 141^{kg},9$ *et recouvre une surface* $S = 2^{mq},5$. *Quelle pression exerce-t-elle par centimètre carré ?*

Cette pression est donnée par le quotient :

$$p = \frac{P}{S} = \frac{141900}{25000} = 5^{gr},676.$$

134. — *On établit sur une terrasse une couche de terre sablonneuse d'épaisseur* $h = 60^{cm}$ *et qui pèse* 1400^{kg} *par mètre cube. Quelle pression cette terrasse supporte-t-elle par centimètre carré, et quelle est la charge totale de la plate-forme, dont l'étendue est* $S = 150^{mq}$?

Soient p et P la pression et la charge demandées.

La densité de la terre est $d = 1,4$.

On a donc : $$p = dh = 1,4 \times 60 = 84^{gr},$$

et $$P = p.S = 84 \times 1500000^{gr}$$
$$= 126000^{kg},$$
$$= 126 \text{ tonnes}.$$

135. — *Dans les ouragans, lorsque le vent atteint une vitesse de* 45^{m} *à la seconde, il exerce une pression de* $p = 2^{kg},75$ *par centimètre carré. Quelle poussée le vent exerce-t-il alors sur une muraille de* 20^{m} *de long sur* 4^{m} *de hauteur orientée perpendiculairement à sa direction ?*

Cette poussée x est égale à la pression p multipliée par la surface du mur exprimée en centimètres carrés.

On a donc : $$x = 2,75 \times 2000 \times 400 = 2200000^{kg},$$

ou 2200 tonnes.

136. — *Une barre de fer à section carrée pèse* $P = 18^{kg}$ *par mètre courant. Sa densité étant* $d = 7,8$, *quelle est son épaisseur et quelle pression exerce-t-elle par centimètre carré, quand elle est couchée horizontalement sur le sol ?*

Soit x son épaisseur.
Le mètre courant pèse en grammes :

$$x^2 \times 100 \times 7,8 = 18000.$$

Cette équation donne :

$$x = \sqrt{\frac{1800}{78}} = \sqrt{\frac{300}{13}} = 4^{cm},803.$$

La barre ayant une épaisseur de $4^{cm},8$, elle exerce, par centimètre carré, une pression de $x = 7,8 \times 4,8 = 37^{gr},4.$

§ II. Transmission des pressions.

137. — *Deux cylindres verticaux, communiquant par leur partie inférieure, sont remplis d'eau et fermés par des pistons de surfaces* $s = 10^{cq}$, $S = 300^{cq}$, *et de poids respectifs* $p = 30^{gr}$, $P = 900^{gr}$. *Si le petit piston supporte une surcharge* $p' = 50^{gr}$, *quelle surcharge faudra-t-il mettre sur le grand piston pour le maintenir en équilibre?*

Soit x cette surcharge.
Pour qu'il y ait équilibre, il faut que les poids des pistons surchargés soient proportionnels à leurs surfaces, c'est-à-dire que l'on ait :

$$\frac{P + x}{S} = \frac{p + p'}{s},$$

ou, en remplaçant les lettres par leurs valeurs :

$$\frac{900 + x}{300} = \frac{30 + 50}{10} = 8;$$

d'où :

$$x = 1500^{gr}.$$

138. — *Deux vases cylindriques verticaux communicants sont remplis d'eau et fermés par des pistons. Les surfaces de ces pistons sont* $S = 4^{dq},9$, $s = 22^{cq},5$, *et leurs poids respectifs* $P = 8^{kg}$, $p = 2^{kg},565$. *Quelle surcharge faut-il placer sur le grand piston pour qu'il y ait équilibre?*

Soit x cette surcharge.

En écrivant que la pression par centimètre carré est la même sur les deux pistons, ou que leurs poussées sont proportionnelles à leurs surfaces, on obtient l'équation :

$$\frac{8000+x}{490}=\frac{2565}{22,5},$$

ou :

$$\frac{8000+x}{490}=\frac{57}{5};$$

d'où l'on tire :

$$x=47^{kg},86.$$

139. — *Dans une presse hydraulique, la section du grand piston est 150 fois plus grande que celle du petit, et le levier qui actionne celui-ci multiplie par 12 l'effort que l'on exerce à son extrémité. Si cet effort est de* 20^{kg}, *avec quelle force le grand piston sera-t-il soulevé ?*

L'effort multiplié d'abord par 12, l'est ensuite par 150. Donc, en définitive, l'effort est multiplié par 150×12, et la force demandée est :

$$20\times 150\times 12=36000^{kg}.$$

140. — *Dans une presse hydraulique, les sections des pistons ont pour surfaces* $s=5^{cq}$ *et* $S=12^{dq}$. *Quel effort faudra-t-il appliquer à l'extrémité du levier pour exercer une pression de* $P=30000^{kg}$, *sachant que le levier multiplie cet effort par* $n=5$?

Soit p l'effort demandé.

Il est multiplié successivement par n et par $\frac{S}{s}$.

On a donc :

$$pn\frac{S}{s}=P;$$

d'où :

$$p=\frac{Ps}{nS},$$

et, en remplaçant les lettres par leurs valeurs :

$$p=\frac{30000\times 5}{5\times 1200}=25^{kg}.$$

141. — *Dans une presse hydraulique, les surfaces des pistons mesurent* $s=7^{cq}$, $S=48^{dq},3$, *et le levier qui actionne le petit piston multiplie les forces dans le rapport de 65 à 6. Quelle est la poussée qui soulève le grand piston, lorsqu'on exerce à l'extrémité du levier un effort de* $f=24^{kg}$?

Soient p et P les poussées sur les deux pistons.

D'après l'effet du levier, on a :

$$p = f \cdot \frac{65}{6},$$

et, d'après le principe de Pascal :

$$\frac{P}{p} = \frac{S}{s}.$$

En multipliant ces deux équations membre à membre, on obtient :

$$P = f \cdot \frac{65}{6} \cdot \frac{S}{s}.$$

ou, en remplaçant les lettres par leurs valeurs :

$$P = 24 \times \frac{65}{6} \times \frac{4830}{7} = 179400^{kg}.$$

142. — *Pour soulever un poids de* $P = 143^{kg}$ *placé sur le plateau d'une presse hydraulique, il suffit d'appliquer une force de* $p = 221^{gr}$ *à l'extrémité du levier, dont la course est de* $l = 65^{cm}$. *Combien de coups de piston faut-il donner pour soulever ce fardeau d'une hauteur* $h = 17^{cm}$?

Soit x ce nombre.

Le chemin de la puissance sera xl et celui de la résistance h. En écrivant que ces chemins sont inversement proportionnels aux forces correspondantes, on obtient la proportion :

$$\frac{xl}{h} = \frac{P}{p};$$

d'où l'on tire :

$$x = \frac{Ph}{pl},$$

ou, en remplaçant les lettres par leurs valeurs :

$$x = \frac{143000 \times 17}{221 \times 65} = 200.$$

143. — *Quel est le fardeau placé sur le plateau d'une presse hydraulique, sachant que pour le soulever de* $h = 12^{cm}$, *il a fallu donner* $n = 125$ *coups de piston en exerçant un effort descendant de* $p = 6^{kg}$ *sur la poignée du levier, dont la course est de* $l = 80^{cm}$?

Soit P ce fardeau.

En écrivant que la puissance et la résistance sont inversement proportionnelles aux chemins parcourus par leurs points d'application, on obtient :

$$\frac{P}{p} = \frac{nl}{h};$$

d'où :

$$P = \frac{pnl}{h},$$

ou, en remplaçant les lettres par leurs valeurs :

$$P = \frac{6 \times 125 \times 80}{12} = 5000^{kg}.$$

CHAPITRE III

PRESSIONS DES LIQUIDES PESANTS

FORMULAIRE

Pressions sur les surfaces de niveau. — *Quand un liquide pesant est en équilibre :*

1° *Sa surface libre est plane et horizontale ;*

2° *Chaque plan horizontal est uniformément pressé :* c'est une **surface de niveau.**

La surface libre supporte la *pression extérieure* H.

La *pression qui règne à la profondeur h* est donnée par la formule :

$$p = H + hd.$$

Elle est égale à la pression extérieure H plus le produit hd de la densité du liquide par la profondeur du point considéré.

Si deux plans horizontaux sont situés à des profondeurs h, h' ($h' > h$), on dit qu'ils présentent une différence de niveau :

$$z = h' - h.$$

La *différence de pression* sur ces deux surfaces de niveau est donnée par la formule : $p' - p = zd.$

Elle est égale au produit de la densité du liquide par la différence des niveaux.

144. — *Réduire en grammes par centimètre carré la pression produite par une couche d'huile de densité* d $= 0,915$ *et d'épaisseur* h $= 60^{cm}$?

Cette pression est égale au produit :

$$dh = 54^{gr},9.$$

145. — *La pression d'une couche de neige équivaut à celle d'une couche d'eau d'épaisseur 10 fois moindre. D'après cela, quelle est, en grammes par centimètre carré, la pression de* $h = 50^{cm}$ *de neige?*

C'est la pression de 5^{cm} d'eau, c'est-à-dire 5^{gr} par centimètre carré.

146. — *Quelle est la hauteur du mercure, de densité* $D = 13,6$, *qui produirait la même pression que* $h = 34^{cm}$ *d'acide sulfurique, dont la densité est* $d = 1,84$?

Soit H cette hauteur.

En égalant entre elles les deux pressions exprimées en grammes par centimètre carré, on obtient :

$$HD = hd;$$

d'où :

$$H = \frac{hd}{D},$$

et, en remplaçant chaque lettre par sa valeur :

$$H = \frac{34 \times 1,84}{13,6} = \frac{23}{5} = 4^{cm},6.$$

147. — *La pression atmosphérique étant de* $H = 1033^{gr}$ *par centimètre carré, quelle est la pression qui règne au fond d'une bonbonne d'acide sulfurique dans laquelle ce liquide, de densité* $d = 1,84$, *occupe une hauteur* $h = 50^{cm}$?

Cette pression est donnée par la formule :

$$p = H + dh.$$

En remplaçant les lettres par leurs valeurs, on obtient :

$$p = 1033 + 1,84 \times 50$$
$$= 1125^{gr}.$$

148. — *La pression atmosphérique étant de* $H = 1^{kg},033$ *par centimètre carré, et la densité de l'eau de mer étant* $d = 1,026$, *quelle est la pression qui règne au sein de la mer à une profondeur de 10, 100 ou 1 000*^{m} *au-dessous de la surface libre?*

Si l'on désigne la profondeur par h, les pressions demandées s'obtiennent par la formule : $p = H + hd$.

En prenant pour unités le centimètre et le gramme, on obtient :

$$p_1 = 1033 + 1026 = 2059^{gr} \text{ ou } 2^{kg},059,$$
$$p_2 = 1033 + 10260 = 11293^{gr} \text{ ou } 11^{kg},293.$$
$$p_3 = 1033 + 102600 = 103633^{gr} \text{ ou } 103^{kg},633.$$

149. — *La densité de l'eau de mer étant* d = 1,026, *quelle est la différence des pressions qui règnent dans la mer aux profondeurs* h = 350^m *et* h' = 600^m ?

Cette différence est donnée par la formule :

$$p' - p = d(h' - h).$$

En remplaçant les lettres par leurs valeurs, on obtient (les unités étant le centimètre et le gramme) :

$$x = 1,026 \times 25000 = 25650^{gr} \text{ ou } 25^{kg},65.$$

CHAPITRE IV

PRESSIONS SUR LES PAROIS

FORMULAIRE

Poussée propre d'un liquide. — Abstraction faite de l'accroissement de poussée qui provient de la pression extérieure :

1° *La poussée propre d'un liquide sur un fond horizontal est égale au poids* P *d'une colonne de ce liquide (de densité* d*), ayant pour base la surface pressée* S *et pour hauteur sa distance* h *à la surface libre :*

$$P = Shd.$$

2° *La poussée propre d'un liquide sur une paroi plane quelconque est égale au poids* P *d'une colonne de ce liquide, qui aurait pour base la surface pressée* S, *et pour hauteur la profondeur* h *de son centre de gravité au-dessous de la surface libre :*

$$P = Shd.$$

3° *La poussée totale d'un liquide sur l'ensemble des parois du vase est égale au poids total du liquide.*

§ I. Pression sur un fond horizontal.

150. — *Un bateau chargé de marchandises présente un fond plat horizontal de* $S = 120^{mq}$, *situé à une profondeur* $h = 1^{m},50$. *Quelle est la poussée de l'eau sur ce fond horizontal?*

Cette poussée est égale au poids d'une masse d'eau ayant pour volume :
$$Sh = 180^{mc}.$$
Sa valeur est donc 180000^{kg}.

151. — *Un flacon ayant un fond horizontal de surface* $S = 75^{cq}$ *contient de l'acide sulfurique, de densité* $d = 1,85$, *qui occupe une hauteur* $h = 12^{cm}$. *On demande la pression par centimètre carré et la pression totale sur le fond du vase.*

La pression et la poussée sur le fond horizontal sont données par les formules ;
$$p = hd \quad \text{et} \quad P = Shd.$$
En remplaçant les lettres par leurs valeurs, on obtient :
$$p = 12 \times 1,85 = 22^{gr},2,$$
et
$$P = Sp = 75 \times 22,2 = 1665^{gr}.$$

152. — *Quelle est l'épaisseur d'une couche de mercure de densité* $D = 13,59$, *qui exerce sur le fond horizontal de la cuve une pression de* 10^{kg} *par décimètre carré?*

Soit h l'épaisseur du mercure.
La pression par centimètre carré est :
$$hD = 100^{gr}.$$
Cette équation donne :
$$h = \frac{100}{D} = \frac{100}{13,59} = 7^{cm},358.$$

153. — *Quelle hauteur de mercure (densité 13,6) faudrait-il verser dans un vase cylindrique, pour que le fond horizontal, dont la surface est de* $1^{dq},25$, *supporte une pression de* 17^{kg} ?

Soit P la pression exercée par une couche de hauteur h d'un liquide de densité d sur une surface horizontale S.

On a :
$$P = Shd,$$
d'où :
$$h = \frac{P}{Sd}.$$

Appliquons cette formule en ayant soin de faire correspondre les unités *centimètre, gramme*. On obtient :

$$h = \frac{17000}{125 \times 13,6} = 10^{cm}.$$

La hauteur du mercure est de 10^{cm}.

154. — *Un tonneau, dont la longueur intérieure est* $l = 1^{m},20$, *est rempli de vin, dont la densité est* $d = 0,992$. *Il repose sur l'une de ses bases circulaires, dont le diamètre intérieur est* $2r = 64^{cm}$. *Quelle est la poussée du liquide sur cette base horizontale ?*

La poussée est donnée par la formule :
$$P = Shd,$$
ou, en remplaçant h par l et S par sa valeur πr^2 :
$$P = \pi r^2 ld.$$

En remplaçant chaque lettre par sa valeur numérique, et en prenant pour unités le centimètre et le gramme, on obtient :

$$P = 3,1416 \times 1024 \times 120 \times 0,992 = 382940^{gr},$$
$$= 382^{kg},9.$$

155. — *Un flacon rempli d'eau possède un fond horizontal de surface* $S = 120^{cq}$. *On mastique dans le goulot un petit tuyau de plomb maintenu verticalement, et dont la section intérieure est* $s = 1^{cq},25$. *De combien augmentera la pression sur le fond du vase si l'on verse dans le tube un volume d'eau égal à* $v = 625^{cc}$?

Soient h la hauteur occupée par cette eau dans le tube, et x l'accroissement de pression qu'elle produira sur le fond du vase.

On a : $sh = v$; d'où : $h = \frac{625}{1,25} = 500^{cm}$.

et $x = Sh = 120 \times 500 = 60000^{gr}$.

L'accroissement de pression sera de 60^{kg}.

156. — *Dans une expérience faite avec l'appareil de Masson, l'obturateur pèse* $p=50^{gr}$, *et il se détache sous la poussée d'une colonne d'eau de hauteur* $h=35^{cm}$. *Le fond du vase ayant une surface* $s=25^{cq}$, *calculer le poids de la tare placée dans le second plateau de la balance.*

Cette tare x est égale au poids p plus la poussée qui s'exerce sur l'obturateur.

Or cette poussée est égale au poids d'une colonne d'eau de base s et de hauteur h.

On a donc:
$$x=p+sh,$$
ou, en remplaçant chaque lettre par sa valeur:
$$\begin{aligned} x &= 50+25\times 35 \\ &= 50+875 \\ &= 925^{gr}. \end{aligned}$$

157. — *Un manchon vide et fermé par un obturateur est immergé dans un bain de mercure, dont la densité est 13,6. La surface pressée est à* $7^{cm},6$ *au-dessous de la surface libre. L'obturateur s'applique contre une ouverture circulaire de* 8^{cm} *de diamètre. Quel effort faudrait-il développer pour le séparer des bords du tube?*

L'effort nécessaire est égal à la pression que le mercure exerce sur l'obturateur, c'est-à-dire au poids d'une colonne de mercure qui aurait pour base le cercle de rayon $r=4^{cm}$ et pour hauteur
$$h=7^{cm},6.$$

Si l'on représente la densité du mercure par $d=13,6$, le poids de cette colonne mercurielle est: $\pi r^2 hd$,

ou:
$$3,1416\times 16\times 7,6\times 13,6.$$

En effectuant ce produit, on obtient 5195^{gr}.

Ainsi, pour détacher l'obturateur, il faut exercer un effort de $5^{kg},195$.

158. — *Un flacon présente un fond horizontal de* $S=80^{cq}$, *et il se termine par un col étroit et allongé. Sa contenance est de* 1^{l} *jusqu'à un trait de repère marqué sur le col à une hauteur* $h=25^{cm}$ *au-dessus du fond. Quand on y verse un demi-litre d'eau, le liquide ne* *s'élève qu'à une hauteur* $h' = 7^{cm}$. *Quelle est alors la pression totale sur le fond, et de combien augmente-t-elle, quand on achève de remplir le flacon jusqu'au point de repère?*

La première poussée a pour expression :

$$p' = Sh'd,$$

et la seconde :

$$p = Shd.$$

L'accroissement est donc :

$$p - p' = Sd(h - h').$$

En remplaçant les lettres par leurs valeurs, on obtient :

$$p' = 80 \times 7 = 560^{gr},$$
$$p = 80 \times 25 = 2000^{gr},$$

et

$$p - p' = 80 \times 18 = 1440^{gr}.$$

159. — *Un verre conique a un fond horizontal de surface* $S = 10^{cq}$. *On y verse* $P = 1^{kg}$ *de mercure, dont la densité est* $D = 13,6$, *et qui occupe une hauteur* $h = 5^{cm}$. *Quelle différence y a-t-il entre le poids total de ce liquide et la poussée qu'il exerce sur le fond horizontal?*

La poussée p sur le fond horizontal est donnée par la formule :

$$p = ShD.$$

La différence demandée est donc :

$$x = P - p = P - ShD.$$

En prenant pour unités le centimètre et le gramme, et en remplaçant les lettres par leurs valeurs, on obtient :

$$x = 1000 - 10 \times 5 \times 13,6$$
$$= 1000 - 680$$
$$= 320^{gr}.$$

160. — *Quel volume de mercure, de densité* $D = 13,6$, *faut-il verser dans une éprouvette cylindrique pour que le fond horizontal, de surface* $S = 40^{cq}$, *supporte une pression de* $p = 170^{gr}$ *par centimètre carré?*

Soient V le volume du mercure et h la hauteur qu'il occupera dans l'éprouvette cylindrique.

Le volume peut s'écrire : $V = Sh$,

et la pression par centimètre carré :

$$p = hD.$$

En divisant ces deux équations membre à membre, on obtient :

$$\frac{V}{p} = \frac{S}{D}.$$

d'où :

$$V = \frac{pS}{D}.$$

En remplaçant les lettres par leurs valeurs, on trouve :

$$V = \frac{170 \times 40}{13,6} = 500^{cc}.$$

161. — *On veut construire un réservoir conique en tôle destiné à contenir de l'eau. Quelle hauteur peut-on lui donner, sachant que le fond horizontal, dont la surface est de 75^{dq}, ne doit pas supporter une pression supérieure à 600^{kg}?*

Soit h la hauteur maximum exprimée en décimètres.

Quand le réservoir sera plein d'eau, la poussée sur le fond horizontal sera :

$$75 \times h.$$

Il faut que l'on ait :

$$75h \leq 600 ;$$

d'où :

$$h \leq \frac{600}{75} ;$$

ou :

$$h \leq 8^{dm}.$$

162. — *On veut construire un réservoir cylindrique qui contienne 4^{mc} d'eau. Quelle étendue faut-il donner au fond horizontal pour qu'il n'ait pas à supporter une pression supérieure à 2500^{kg} par mètre carré?*

Le réservoir étant cylindrique, la poussée sur le fond est égale au poids total du liquide, c'est-à-dire à 4000^{kg}.

Prenons pour unités le décimètre et le kilogramme.

Soit S la surface en décimètres carrés. La pression par décimètre carré sera :

$$\frac{4000}{S}.$$

Il faut qu'elle soit inférieure à 25^{kg}, c'est-à-dire que l'on ait :

$$\frac{4000}{S} < 25 ;$$

d'où :

$$S > \frac{4000}{25},$$

ou :

$$S > 160^{dq}.$$

163. — *La pression atmosphérique équivaut à* $p = 1033^{gr}$ *par centimètre carré et la densité de l'eau de mer est* $d = 1{,}026$. *D'après cela, quelle est la poussée que supporte une surface de* $S = 1^{mq}$ *prise au fond de l'océan Pacifique en un point où la profondeur de l'eau est* $h = 9416^{m}$?

La pression sur un centimètre carré est la somme des pressions produites par l'air et par l'eau, c'est-à-dire : $p + hd$.

La poussée sur une surface S est donc :

$$S(p + hd).$$

Pour faire le calcul, prenons d'abord pour unités le centimètre et le gramme. En remplaçant les lettres par leurs valeurs, on obtient :

$$10000(1033 + 941600 \times 1026) \text{ grammes,}$$

ou : $$10(1033 + 966081{,}6) \text{ kilogrammes,}$$

ou $$9671146^{kg},$$

ou $$9671 \text{ tonnes.}$$

§ II. Pression sur une paroi.

164. — *Un vase à réaction, constitué par une longue éprouvette verticale, est percé, à une profondeur* $h = 75^{cm}$ *au-dessous de la surface de l'eau, d'une ouverture de* $s = 0^{cq},48$. *Quelle est la force qui tend à faire reculer le vase lorsqu'on débouche ce petit orifice ?*

Cette force est égale à la poussée de h^{cm} d'eau sur la surface s, c'est-à-dire : $x = sh = 75 \times 0{,}48 = 36^{gr}$.

165. — *Quelle est la poussée de l'eau sur une vanne carrée de côté* $a = 0^{m},7$, *et dont le centre est à une profondeur* $h = 1^{m},25$ *au-dessous de la surface libre ?*

Cette poussée x est égale au poids d'une colonne d'eau qui aurait pour base le carré a^2, et pour hauteur h.

On a donc, en kilogrammes :

$$x = a^2h = 7^2 \times 12{,}5 = 612^{kg},5.$$

166. — *Quelle est la poussée de l'eau sur une porte d'écluse rectangulaire de* $b = 2^{m},25$ *de large quand elle est mouillée sur une hauteur de* $h = 2^{m},4$?

Cette poussée x est égale au poids d'une colonne d'eau qui aurait pour base le rectangle bh et pour hauteur la profondeur de son centre de gravité.

Or, le centre de gravité de ce rectangle étant au point de concours des diagonales, sa profondeur est égale à la moitié de la hauteur h.

On a donc, en kilogrammes:

$$x = bh \cdot \frac{h}{2} = 22,5 \times 24 \times 12 = 6480^{kg}.$$

167. — *Une écluse, dont la largeur est* $l = 6^m$, *sépare deux nappes d'eau qui la mouillent respectivement sur des hauteurs* $h = 2^m,75$ *et* $h' = 1^m,25$. *Quelle est la différence des poussées qui s'exercent sur ses deux faces?*

Les surfaces pressées sont des rectangles dont le centre de gravité est au milieu de la hauteur.

Les poussées ont donc pour expression:

$$lh \cdot \frac{h}{2} \qquad \text{et} \qquad lh' \cdot \frac{h'}{2},$$

et leur différence est:

$$x = \frac{l}{2}(h^2 - h'^2) = \frac{l}{2}(h + h')(h - h').$$

En remplaçant les lettres par leurs valeurs, on obtient (les unités étant le décimètre et le kilogramme):

$$x = 30 \times 40 \times 15 = 18000^{kg}.$$

168. — *Un bassin carré de* $a = 2^m$ *de côté contient de l'eau, qui s'élève à une hauteur* $h = 1^m,20$ *au-dessus du fond horizontal. Quelles sont les poussées de l'eau sur le fond et sur chacune des parois latérales?*

La poussée sur le fond est, en kilogrammes:

$$x = a^2 h = 20 \times 20 \times 12 = 4800^{kg}.$$

Chaque paroi latérale est un rectangle de longueur a et de hauteur h. Son centre de gravité est au point de concours des diagonales, c'est-à-dire à une profondeur égale à la moitié de h.

Elle supporte donc la poussée:

$$y = ah \cdot \frac{h}{2} = 20 \times 12 \times 6 = 1440^{kg}.$$

169. — *Une pierre cubique, dont chaque face a une étendue* $s = 64^{dq}$, *repose au fond d'un lac sur un sol* *horizontal. On demande la différence qui existe entre les poussées de l'eau sur la face supérieure et sur l'une des faces verticales.*

Soient a l'arête du cube, P la poussée que supporte la face supérieure située à la profondeur h, et P′ la poussée sur une face verticale, dont le centre de gravité est à la profondeur $\left(h+\frac{a}{2}\right)$.

On a : $s=a^2=64$; d'où : $a=8^{dm}$,

$$P=sh,$$

et

$$P'=s\left(h+\frac{a}{2}\right).$$

D'où :

$$P'-P=s\frac{a}{2}=\frac{a^3}{2}.$$

En remplaçant a par sa valeur, on obtient :

$$P'-P=256^{kg}.$$

170. — *Au fond supérieur d'un baril haut de* 90^{cm} *et dressé verticalement, on adapte un tube de* $3^m,75$, *que l'on remplit d'eau. Calculer la pression exercée par le liquide sur chacune des bases du tonneau, sachant que ces bases ont* 15^{cm} *de rayon.*

Chaque base supporte le poids d'une colonne d'eau qui aurait pour hauteur sa distance au niveau supérieur du liquide, c'est-à-dire 375^{cm} pour la base supérieure et 465^{cm} pour la base inférieure.

Les pressions demandées sont donc :

$$\pi\times\overline{15}^2\times 375 \quad \text{ou} \quad 265000^{gr},$$

$$\pi\times\overline{15}^2\times 465 \quad \text{ou} \quad 328600^{gr}.$$

Les bases du tonnelet supportent des pressions de 265^{kg} et 328^{kg}.

CHAPITRE V

PRINCIPE D'ARCHIMÈDE

FORMULAIRE

Principe. — *La poussée d'un fluide sur un corps immergé est égale au poids du fluide déplacé.*

Poids apparent. — *Le poids apparent d'un corps immergé dans un fluide est égal au poids réel de ce corps diminué de la poussée du fluide.*

Il peut être positif, nul ou négatif; suivant le cas, c'est une force *descendante*, *nulle* ou *ascendante*.

Corps flottant. — *Pour qu'un corps flotte en équilibre à la surface d'un liquide, il faut que le poids du liquide déplacé soit égal au poids du corps flottant.*

§ I. Poids apparents.

171. — *Un bloc de marbre de* 895^{dc} *est tombé dans l'eau. Quelle force faut-il développer pour le soulever?* (Densité du marbre 2,837.)

La force demandée est égale au poids apparent du bloc.

Or celui-ci est égal au poids réel diminué de la poussée.

Le poids réel est le produit du volume par la densité, c'est-à-dire, en kilogrammes : $895 \times 2,837.$

La poussée est égale au poids du même volume d'eau, c'est-à-dire 895^{kg}.

Donc le poids apparent est la différence :

$$895 \times 2,837 - 895,$$

ou : $$895 \times 1,837,$$

ou : $$1644^{kg}.$$

Ainsi, pour soulever le bloc dans l'eau, il faut déployer une force de 1644^{kg}.

172. — *Une ancre en fer, de densité* $d = 7,78$, *déplace* *un volume d'eau égal à* $V = 500^{dc}$. *Combien pèse-t-elle dans l'eau de mer, dont la densité est* $d' = 1,026$?

Son poids apparent est égal à son poids réel

$$P = Vd$$

diminué de la poussée $P' = Vd'$,

c'est-à-dire à la différence :

$$x = P - P' = V(d - d'),$$

ou, en remplaçant les lettres par leurs valeurs :

$$x = 500 \times 6,654 = 3327^{kg}.$$

173. — *Un bateau de forme rectangulaire à fond plat, de* $a = 25^{m}$ *de long et de* $b = 6^{m}$ *de large, s'enfonce de* $h = 35^{cm}$ *dans l'eau quand il n'est pas chargé, et de* $h' = 1^{m},55$ *lorsqu'il est rempli de marchandises. Quel est le poids de ce chargement ?*

Le poids du bateau est constamment égal au poids de l'eau qu'il déplace ; c'est-à-dire :

quand il est vide : $P = abh$,

et quand il est chargé : $P' = abh'$.

Le poids des marchandises est la différence :

$$P' - P = ab(h' - h).$$

Ou, en remplaçant chaque lettre par sa valeur, les unités étant le décimètre et le kilogramme :

$$x = 250 \times 60 \times 12 = 180\,000^{kg}.$$

174. — *Un cube de soufre dont l'arête est* $a = 8^{cm}$ *pèse* $P = 1^{kg}$. *Quel est son poids apparent dans l'eau ?*

Le poids apparent x est égal au poids réel P, moins la poussée P' :

$$x = P - P'.$$

Or la poussée P' est égale au poids du même volume d'eau :

$$P' = a^3.$$

Donc : $x = P - a^3$,

ou, en remplaçant chaque lettre par sa valeur et prenant le gramme pour unité : $x = 1000 - 512 = 488^{gr}$.

175. — *Un cube en aluminium, dont la densité est*

$d = 2,75$, *a pour arête* $a = 6^{cm}$. *Quel est son poids apparent dans l'eau?*

Ce poids apparent est égal au poids réel $P = a^3 d$, moins la poussée $P' = a^3$.

On a donc : $x = P - P' = a^3 d - a^3 = a^3(d-1)$;

ou, en remplaçant les lettres par leurs valeurs :

$$x = 216 \times 1,75 = 378^{gr}.$$

176. — *Un morceau de fer pèse* $P = 975^{gr}$. *Quel est son poids dans l'eau, sachant que la densité du fer est* $d = 7,8$?

Ce poids apparent est égal au poids réel P, diminué de la poussée P' :

$$x = P - P'.$$

Or la poussée P', évaluée en grammes, est égale au volume du fer mesuré en centimètres cubes, et ce dernier est donné par le quotient

$$V = \frac{P}{D}.$$

On a donc : $x = P - \frac{P}{D} = \frac{P(D-1)}{D}$;

ou, en remplaçant les lettres par leurs valeurs :

$$x = \frac{975 \times 6,8}{7,8} = 850^{gr}.$$

177. — *Calculer le volume et la densité d'un morceau de buis qui pèse* $P = 33^{gr}$ *dans l'air et* $p = 8^{gr}$ *dans l'eau?*

Sa perte de poids dans l'eau :

$$P - p = 33 - 8 = 25^{gr}$$

donne son volume : $v = 25^{cc}$.

Sa densité est égale au rapport :

$$d = \frac{P}{v} = \frac{33}{25} = 1,32,$$

178. — *Une boule de verre pèse* $P = 322^{gr}$ *dans l'air et* $P' = 197^{gr}$ *dans l'eau. Combien pèse-t-elle dans l'acide sulfurique, dont la densité est* $d = 1,84$?

Le poids apparent demandé x est égal au poids réel P diminué du poids de l'acide déplacé. Or, si l'on désigne le volume de la boule par V, ce dernier poids est Vd.

Ainsi, $$x = P - Vd.$$

Mais le volume V, mesuré en centimètres cubes, est égal à la poussée dans l'eau, c'est-à-dire à la différence :

$$V = P - P'.$$

On a donc : $$x = P - (P - P')d$$

ou, en remplaçant les lettres par leurs valeurs :

$$x = 322 - 125 \times 1{,}84$$
$$= 322 - 230$$
$$= 92^{gr}.$$

179. — *Le volume d'un morceau de buis est* $V = 320^{cc}$ *et sa densité est* $d = 0{,}91$. *Quel est son poids dans l'essence de térébenthine, dont la densité est* $d' = 0{,}86$?

Ce poids apparent est égal au poids réel du buis P, moins le poids P' du même volume d'essence :

$$x = P - P'.$$

Or on a : $$P = Vd,$$

et $$P' = Vd'.$$

Donc : $$x = V(d - d'),$$

et, en remplaçant les lettres par leurs valeurs :

$$x = 320 \times 0{,}15 = 48^{gr}.$$

180. — *On fixe un morceau de fer de poids* $P = 390^{gr}$ *et de densité* $D = 7{,}8$ *à un morceau de liège de poids* $p = 600^{gr}$ *et de densité* $d = 0{,}24$. *Quel sera le poids apparent de ce système plongé dans l'eau?*

Le poids apparent x est égal à la somme des poids réels $P + p$ du fer et du liège, moins la somme des poussées respectives qu'ils éprouvent dans l'eau.

Or ces poussées ont pour mesures les volumes V et v des deux corps.

Ainsi, $$x = P + p - (V + v).$$

Mais on a : $P = VD$, d'où : $V = \frac{P}{D}$;

et $p = vd$, d'où : $v = \frac{p}{d}$.

Donc : $$x = P + p - \frac{P}{D} - \frac{p}{d} = P\left(\frac{D-1}{D}\right) + p\left(\frac{d-1}{d}\right).$$

En remplaçant les lettres par leurs valeurs, on obtient :

$$x = 390 \times \frac{68}{78} - 600 \times \frac{76}{24},$$
$$= 340 - 190,$$
$$= 150^{gr}.$$

181. — *Calculer le rapport du poids* x *d'aluminium (densité* d = 2,75*), et du poids* y *de platine (densité* D = 21,5*), qui se font équilibre dans l'eau sur une balance juste, entièrement immergée dans ce liquide.*

Les poids qui se font équilibre sur cette balance sont les poids apparents.

Or les volumes des deux métaux sont :

$$\frac{x}{d} \quad \text{et} \quad \frac{y}{D};$$

leurs poids apparents sont donc :

$$x - \frac{x}{d} \quad \text{et} \quad y - \frac{y}{D}.$$

L'équilibre exige : $$x\left(1 - \frac{1}{d}\right) = y\left(1 - \frac{1}{D}\right),$$

ou : $$\frac{x(d-1)}{d} = y\,\frac{(D-1)}{D};$$

d'où : $$\frac{x}{y} = \frac{d}{D} \cdot \frac{D-1}{d-1}.$$

En remplaçant les lettres par leurs valeurs, on obtient :

$$\frac{x}{y} = \frac{275}{2150} \cdot \frac{2050}{175} = \frac{11 \times 41}{43 \times 7} = \frac{451}{301} = 1{,}498.$$

Ainsi, 1000^{gr} de platine dans ces conditions font équilibre à 1498^{gr} d'aluminium.

§ II. Corps flottants.

182. — *Un morceau de liège de 73^{cc} flotte à la surface de l'eau. Quel volume d'eau déplace-t-il, la densité du liège étant 0,24 ?*

Le volume de l'eau déplacée est mesuré par le même nombre que le poids de cette eau.

Or le poids de l'eau déplacée est égal au poids du flotteur, c'est-à-dire au produit du volume du liège par sa densité.

Le volume demandé a donc pour expression :

$$73 \times 0,24 = 17^{cc},52.$$

Le liège déplace $17^{cc},52$ d'eau.

183. — *Dans un vase cylindrique contenant de l'eau et ayant un fond horizontal de surface* $S = 720^{cq}$, *on dépose à la surface du liquide un morceau de bois de poids* $P = 10^{kg},80$ *qui flotte en équilibre. Quel est l'accroissement de pression par centimètre carré sur le fond horizontal ?*

Le flotteur déplace un volume d'eau dont le poids est égal au sien. Tout se passe donc comme si l'on avait ajouté dans le vase P^{gr} d'eau.

Or, le vase étant cylindrique, la poussée sur le fond est égale au poids du liquide.

Cette poussée sur la surface S a donc augmenté de P^{gr}, et la pression par centimètre carré s'est accrue de :

$$\frac{P}{S} = \frac{10800}{720} = 15^{gr}.$$

184. — *Quelle est l'épaisseur d'un glaçon qui flotte à la surface de l'eau en émergeant d'une hauteur* $h = 4^{cm},1$, *la densité de la glace étant* $d = 0,918$?

Soient x cette épaisseur et S la surface du glaçon

Le volume de l'eau déplacée est :

$$S(x - h).$$

En écrivant que le poids du glaçon est égal au poids de l'eau déplacée, on obtient l'équation : $Sxd = S(x - h)$;

d'où : $x(1 - d) = h$,

et $$x = \frac{h}{1 - d}.$$

En remplaçant les lettres par leurs valeurs, on trouve,

$$x = \frac{4,1}{0,082} = 50^{cm}.$$

185. — *Un banc de glace flotte sur la mer polaire. La densité de la glace étant* $d = 0,93$, *et celle de l'eau de* *mer* $D = 1,03$, *à quelle profondeur cette glace plonge-t-elle dans l'eau, si elle en émerge d'une hauteur* $h = 10^m$?

Soient x la profondeur demandée et S la surface du champ de glace. Son épaisseur totale sera : $(x + h)$.

En écrivant que son poids est égal au poids de l'eau déplacée, on obtient l'équation : $S(x + h)d = SxD$,

ou : $x(D - d) = hd$;

d'où : $$x = h \cdot \frac{d}{D - d}.$$

Et, en remplaçant les lettres par leurs valeurs :

$$x = 10 \cdot \frac{93}{10} = 93^m.$$

186. — *Un plateau de sapin flotte à la surface de l'eau. Sa densité étant* $d = 0,45$, *de quelle fraction de son épaisseur émerge-t-il?*

Soient h son épaisseur, h' la hauteur dont il émerge, et S sa surface horizontale.

Le poids du plateau est : Shd,

et le volume de l'eau déplacée :

$$S(h - h').$$

En écrivant que le poids du flotteur est égal au poids de l'eau déplacée, on a l'équation :

$$Shd = S(h - h').$$

Ou, en divisant les deux membres par S et transposant :

$$h' = h(1 - d) ;$$

d'où l'on tire le rapport demandé :

$$\frac{h'}{h} = 1 - d = 0,55.$$

187. — *Quelle est la capacité intérieure d'une boule de verre du poids de* $12^{gr},60$, *qui flotte librement au sein de l'eau ?* (Densité du verre, 2,52.)

Soit v la capacité intérieure.

Le volume du verre seul est égal au quotient de son poids par sa densité,

Le volume extérieur de la boule est donc :

$$v + \frac{12,60}{2,52},$$

c'est-à-dire : $v + 5.$

Pour exprimer que la boule reste en équilibre au sein de l'eau, il suffit d'écrire que son poids est égal au poids du même volume d'eau.

On a donc : $12,60 = v + 5,$

d'où : $v = 7,60.$

Le volume intérieur de la boule est de $7^{cc},60$.

188. — *Un sous-marin émerge de $\frac{1}{9}$ de son volume quand il flotte à la surface de la mer. Pour le faire immerger complètement, il faut laisser pénétrer dans ses réservoirs* $v = 31\,250^{l}$ *d'eau de mer, ayant pour densité* $d = 1,026$. *On demande quel est le poids de ce sous-marin?*

Soient P et V le poids et le volume de l'appareil.

En écrivant que, dans les deux cas d'équilibre, le poids du flotteur est égal au poids du liquide déplacé, on obtient les deux équations

$$P = \frac{8}{9}Vd,$$

$$P + vd = Vd;$$

d'où l'on tire : $P = 8vd.$

et, en remplaçant les lettres par leurs valeurs :

$$P = 8 \times 31\,250 \times 1,026 = 256500^{kg}.$$

189. — *Une tige cylindrique, de longueur* $l = 17^{cm}$, *en acier, de densité* $d = 7,8$, *flotte verticalement à la surface du mercure, dont la densité est* $D = 13,6$. *De quelle hauteur émerge-t-elle au-dessus de la surface libre?*

Soient x cette hauteur et s la section de la tige.

Le volume du mercure déplacé est : $s(l - x)$.

En écrivant que le poids de la tige est égal au poids du mercure qu'elle déplace, on obtient l'équation :

$$sld = s(l - x)D;$$

d'où l'on tire : $x = \frac{l(D - d)}{D},$

et, en remplaçant les lettres par leurs valeurs

$$x = \frac{17 \times 58}{136} = 7^{cm},25.$$

190. — *Un morceau de fer de poids* $p = 1\,292^{gr}$ *flotte à la surface du mercure. De quel volume émerge-t-il, sachant que la densité du fer est* $d = 7,8$ *et celle du mercure* $D = 13,6$?

Soit x ce volume. Il est égal au volume V du fer, moins le volume V' du mercure déplacé: $x = V - V'$.

Or le poids du corps flottant est égal au poids du liquide déplacé. On a donc: $p = Vd = V'D'$;

d'où: $V = \frac{p}{d}$, et $V' = \frac{p}{D}$,

donc: $x = \frac{p}{d} - \frac{p}{D} = \frac{p(D-d)}{Dd}$,

et, en remplaçant les lettres par leurs valeurs:

$$x = \frac{1\,292 \times 5,8}{13,6 \times 7,8} = 72^{cc},5.$$

191. — *Quel est le rapport des masses de fer (densité* $d = 7,8$*), et de platine (densité* $D = 21$*), qu'il faudrait fixer l'une à l'autre pour obtenir un système capable de flotter en équilibre au sein du mercure? (Densité* $\Delta = 13,6$.)

[S]ient x et y ses deux masses, v et V leurs volumes respectifs

On a: $x = vd$; d'où: $v = \frac{x}{d}$;

$y = VD$; d'où: $V = \frac{y}{D}$.

Écrivons que le poids total du système est égal au poids du mercure déplacé.

On obtient l'équation:

$$x + y = \left(\frac{x}{d} + \frac{y}{D}\right)\Delta,$$

ou, en rapprochant les termes en x et les termes en y:

$$x\left(1 - \frac{\Delta}{d}\right) = y\left(\frac{\Delta}{D} - 1\right),$$

ou: $$x\left(\frac{d-\Delta}{d}\right) = y\left(\frac{\Delta - D}{D}\right);$$

d'où :

$$\frac{x}{y} = \frac{d}{D} \cdot \frac{D - \Delta}{\Delta - d}.$$

En remplaçant les lettres par leurs valeurs, on obtient :

$$\frac{x}{y} = \frac{7,8}{21} \times \frac{7,4}{5,8} = 4,738.$$

192. — *Quelle est l'épaisseur du disque de plomb qu'il faut coller à un cylindre en liège, de même base et de hauteur égale à* 8^{cm}, *pour que le système reste en suspension dans l'eau?* (Densité du plomb, 11 ; du liège, 0,24.)

Soient s la base commune aux deux cylindres, x la hauteur du plomb.

Pour que le système soit en équilibre au sein de l'eau, il faut que son poids total soit égal au poids de l'eau déplacée ; c'est-à-dire que le poids total soit mesuré par le même nombre que le volume total.

La somme des volumes du plomb et du liège est :

$$sx + s \times 8.$$

La somme de leurs poids est :

$$sx \times 11 + s \times 8 \times 0,24.$$

L'équation du problème est donc :

$$s(x + 8) = s(11x + 8 \times 0,24),$$

ou, en divisant les deux membres par s :

$$x + 8 = 11x + 1,92.$$

On en tire : $$10x = 8 - 1,92 ;$$

d'où : $$x = 0^{cm},608.$$

Le disque de plomb doit avoir une épaisseur de 6^{mm}.

CHAPITRE VI

VASES COMMUNICANTS

FORMULAIRE

Principe des vases communicants. — *Pour qu'un liquide homogène soit en équilibre dans des vases communicants, il faut que toutes les surfaces libres soient dans un même plan horizontal,* de manière à constituer une seule et même surface de niveau.

193. — *L'orifice d'un jet d'eau, situé à* $h = 12^m,5$ *au-dessous du niveau du réservoir, a une surface* $s = 2^{cq},8$. *Quelle est la poussée qui chasse l'eau à travers cet orifice?*

Cette poussée est égale au poids d'une colonne d'eau de base *s* et de hauteur *h*.

On a donc, en grammes :

$$x = 1250 \times 2,8 = 3500^{gr}.$$

194. — *Dans un tuyau de conduite, appartenant à la canalisation souterraine qui distribue l'eau dans une ville, il s'est produit une ouverture de surface* $s = 6^{cq},25$, *à une distance* $h = 24^m$ *au-dessous du niveau qui règne dans le réservoir. Quelle est la poussée qui tend à chasser l'eau à travers cette ouverture?*

Cette poussée est égale au poids d'une colonne d'eau de base *s* et de hauteur *h*.

Sa valeur en grammes est donc :

$$sh = 6,25 \times 2400 = 15000,$$

ou

$$15^{kg}.$$

195. — *Dans un ascenseur hydraulique, le piston porte-cabine a une longueur* $l = 20^m$ *et une section* $s = 3^{dq}$. *L'eau de la ville, qui accède dans le cylindre, s'élève, dans les tuyaux de conduite, à une hauteur* $h = 25^m$ *au-dessus du presse-cuir qui ferme la partie supérieure de ce cylindre. Quelle est la poussée de l'eau sur la base inférieure du piston, quand celui-ci est en bas ou en haut de sa course?*

La profondeur de la base du piston au-dessous de la surface libre du liquide, varie entre : $h + l$, et h.

La poussée varie donc entre :

$$(h + l)s, \quad \text{et} \quad hs.$$

En prenant pour unités le décimètre et le kilogramme, on obtient pour la poussée maximum :

$$450 \times 3 = 1350^{kg},$$

et pour la poussée minimum :

$$250 \times 3 = 750^{kg}.$$

196. — *Deux tubes cylindriques verticaux de même hauteur* h $=60^{cm}$ *sont réunis inférieurement par un tube horizontal de volume négligeable, muni d'un robinet. Ce robinet étant fermé, on remplit d'eau complètement l'un de ces tubes, dont le diamètre est* n $=3$ *fois plus grand que le diamètre de l'autre. A quoi se réduira la hauteur de l'eau, si l'on vient à ouvrir le robinet?*

Soit s la section du petit tube. Les surfaces semblables étant proportionnelles aux carrés de leurs dimensions homologues, la section du gros tube sera n^2s.

Quand on ouvrira le robinet, l'eau prendra dans les deux vases une même hauteur x telle que le volume total de l'eau n'aura pas changé.

On a donc : $$(n^2s+s)x=n^2sh;$$

d'où $$x=\frac{n^2h}{n^2+1},$$

et, en remplaçant les lettres par leurs valeurs :

$$x=\frac{9\times 60}{10}=54^{cm}.$$

La hauteur de l'eau dans les deux vases sera de 54^{cm}.

197. — *Deux vases cylindriques* A, B, *de même hauteur, sont placés sur une table horizontale. Ils communiquent inférieurement par un robinet* A', *et le second peut être vidé au moyen d'un robinet* B'. *Ils sont remplis complètement d'un certain liquide. Le vase* B *en contient un volume* v $=1^l$, *et le vase* A *possède un diamètre* n $=3$ *fois plus grand. On ouvre et on referme successivement le robinet* B', *puis le robinet* A'. *On répète trois fois de suite la même série d'opérations. Il s'est écoulé successivement par le robinet* B' *trois volumes de liquide que l'on propose de calculer, et il reste dans les deux vases des volumes de liquide dont on demande le rapport.*

Soit h la hauteur primitive du liquide.

D'après le problème précédent, elle deviendra successivement :

$$h,\quad h\left(\frac{n^2}{n^2+1}\right),\quad h\left(\frac{n^2}{n^2+1}\right)^2,\quad h\left(\frac{n^2}{n^2+1}\right)^3;$$

c'est-à-dire :

$$h,\quad h\cdot\frac{9}{10},\quad h\cdot\frac{81}{100},\quad h\cdot\frac{729}{1000}.$$

Les volumes de liquide successivement contenus dans le petit cylindre sont proportionnels à ces hauteurs.

Ces volumes sont donc, en centimètres cubes :

$$1000, \quad 900, \quad 810, \quad 729.$$

Les trois volumes écoulés sont :

$$1000^{cc}, \quad 900^{cc}, \quad 810^{cc}.$$

Il reste donc dans le petit vase :

$$729^{cc};$$

et dans le grand :

$$9000 - (900 + 810 + 729),$$

ou

$$6561.$$

Le rapport de ces volumes restants est :

$$\frac{729}{6561} = \frac{1}{9}.$$

CHAPITRE VII

LIQUIDES SUPERPOSÉS

FORMULAIRE

Vase unique. — *Pour que des liquides non miscibles et de densités différentes soient en équilibre dans un vase, il faut qu'ils soient rangés par ordre de densités décroissantes à partir du fond et que la surface libre et toutes les surfaces de séparation soient horizontales.*

La pression sur une surface de niveau quelconque est égale à la somme des pressions exercées par toutes les couches liquides supérieures.

Vases communicants. — *Pour que deux liquides de densités différentes* (d, d') *soient en équilibre dans deux vases communicants, il faut que leurs hauteurs* (h, h') *au-dessus du plan de séparation soient inversement proportionnelles à leurs densités.*

On a : $\frac{h}{h'} = \frac{d'}{d}$; d'où : $hd = h'd'$.

Ce produit constant n'est autre que la pression par centimètre carré dans le plan de séparation des liquides. Ainsi, il faut que cette surface de niveau, appartenant au liquide le plus dense, soit également pressée dans les deux branches.

198. — *Un tube contient du mercure, de l'eau, du pétrole et de l'air. Les liquides ont pour densités* D = 13,6, d = 1, d' = 0,78, *et pour hauteurs respectives* H = 5cm, h = 12cm, h' = 15cm. *L'air exerce sur la surface libre une pression de* p = 1033gr *par centimètre carré. On demande les pressions qui s'exercent sur les surfaces de séparation et sur le fond du vase.*

Soient x, y, z les pressions au fond du pétrole, de l'eau et du mercure.

On a :

$$x = p + h'd' = 1033 + 11,7,$$
$$= 1044^{gr},7,$$
$$y = x + hd = 1044,7 + 12,$$
$$= 1056^{gr},7,$$
$$z = y + HD = 1056,7 + 68,$$
$$= 1124^{gr},7.$$

199. — *Dans un tube en* U *on verse de l'eau, puis, dans l'une des branches, du pétrole dont la densité est* d = 0,78. *Si le pétrole forme une colonne de hauteur* h = 15cm, *de quelle hauteur l'eau s'élèvera-t-elle dans l'autre branche au-dessus de la surface de séparation?*

Soit x cette hauteur.

En écrivant que les hauteurs des deux liquides au-dessus de leur plan de séparation sont en raison inverse de leurs densités, on obtient l'équation :

$$\frac{x}{h} = \frac{d}{1};$$

d'où :

$$x = dh.$$

Numériquement : $x = 15 \times 0,78 = 11^{cm},7.$

200. — *Dans un système de deux tubes communicants, on introduit du sulfure de carbone (densité* d = 1,27*), puis, dans l'une des branches, une colonne d'eau qui s'élève de* 28cm *au-dessus de la surface de séparation. A quelle hauteur le sulfure de carbone s'élève-t-il dans l'autre branche, au-dessus de la même surface?*

Soit x cette hauteur.

Pour qu'il y ait équilibre, il faut que les hauteurs des deux liquides au-dessus de leur surface de séparation soient inversement proportionnelles à leurs densités, c'est-à-dire que l'on ait :

$$\frac{x}{28} = \frac{1}{1,27};$$

d'où : $$x = \frac{28}{1,27} = 22.$$

Le sulfure de carbone s'élève de 22cm au-dessus de la surface de séparation.

201. — *Un tube en U contient de l'eau. Quelle hauteur d'essence de naphte, de densité* d = 0,70, *faut-il verser dans l'une des branches pour faire monter l'eau de* h' = 7cm *dans l'autre branche?*

Si l'eau monte de h' dans la seconde branche, elle baisse de h' dans la première branche, et la différence des niveaux de l'eau devient $2h'$.
On a donc, en désignant par x la hauteur demandée :

$$\frac{x}{2h'} = \frac{1}{d};$$

d'où : $$x = \frac{2h'}{d}.$$

Numériquement : $$x = \frac{14}{0,70} = 20^{cm}.$$

202. — *Une colonne d'eau de 433mm, fait équilibre dans un tube en U, à une colonne de 50cm d'essence de térébenthine. Quelle est la densité de ce dernier liquide?*

Soit x la densité.
En écrivant que les hauteurs des deux colonnes sont inversement proportionnelles à leurs densités, on obtient l'équation :

$$\frac{433}{500} = \frac{x}{1};$$

d'où l'on tire : $$x = 0,866.$$

La densité de l'essence de térébenthine est 0,866.

203. — *Dans une éprouvette contenant du mercure, on plonge un tube ouvert à ses deux extrémités, et l'on verse dans ce tube 75cc d'eau. Le tube ayant un centimètre carré de section, et la densité du mercure étant* 13,6, *on demande quelle sera la différence des niveaux du mercure à l'intérieur et à l'extérieur du tube.*

Soit x cette dépression du mercure.

La section du tube étant égale à 1^{cq}, les 75^{cc} d'eau occupent une longueur de 75^{cm}.

En écrivant que ces deux colonnes liquides se font équilibre, c'est-à-dire que leurs hauteurs sont inversement proportionnelles à leurs densités, on obtient l'équation :

$$\frac{x}{75} = \frac{1}{13,6};$$

d'où :

$$x = \frac{75}{13,6} = 5,5.$$

Le mercure, à l'intérieur du tube, est déprimé de $5^{cm},5$.

204. — *Un tube en U à branches égales contient de l'eau qui s'arrête à une distance* $l = 15^{cm}$ *des extrémités. A quoi se réduira cette distance dans l'une des branches, si l'on verse dans l'autre branche, jusqu'au sommet, de l'esprit de bois dont la densité est* $d = 0,8$?

Soit x la distance demandée. L'eau s'est élevée de $(l - x)$ dans la première branche, et elle s'est abaissée de $(l - x)$ dans la seconde, sous la pression de l'esprit de bois, qui prend la hauteur $l + (l - x)$.

Les hauteurs des deux liquides au-dessus de leur plan de séparation sont dans le rapport :

$$\frac{2(l - x)}{2l - x} = \frac{d}{1}.$$

De cette équation, l'on tire :

$$x = \frac{2l(1 - d)}{2 - d};$$

ou, en remplaçant les lettres par leurs valeurs :

$$x = \frac{30 \times 0,2}{1,2} = \frac{30}{6} = 5^{cm}.$$

205. — *Un tube en U contient de l'huile d'olive dont la densité est* $D = 0,915$. *On versé dans l'une des branches de la benzine dont la densité est* $d = 0,70$. *La différence de niveau des surfaces libres est* $l = 4^{cm},3$. *Quelles sont les hauteurs de la benzine et de l'huile au-dessus de leur plan de séparation ?*

Soient x et y ces hauteurs. Elles satisfont aux équations :

$$x - y = l,$$

$$\frac{x}{y} = \frac{D}{d};$$

que l'on peut écrire : $\frac{x}{D} = \frac{y}{d} = \frac{l}{D-d}$;

d'où : $x = \frac{Dl}{D-d}$, $y = \frac{dl}{D-d}$.

Numériquement, on trouve :

$$x = \frac{0,915 \times 4,3}{0,215} = 0,915 \times 20 = 18^{cm},3,$$

$$y = 0,7 \times 20 = 14^{cm}.$$

206. — *Un robinet qui donne l'eau de la ville dans une salle du premier étage, est situé à une hauteur* $H = 7^m$ *au-dessus du sol. On le met en relation par un tube de caoutchouc, avec un flacon placé à* $H' = 50^{cm}$ *plus bas que le robinet. Ce flacon, rempli d'eau et de mercure, communique inférieurement avec un tube de verre vertical. Quand le robinet est ouvert, le mercure est refoulé dans le tube et il s'y élève à une hauteur* $h = 1^m,25$ *au-dessus de son niveau dans le flacon. D'après cela, on demande quelle est la distance verticale comprise entre le sol considéré et la surface de l'eau dans les réservoirs de la ville?* (Densité du mercure $D = 13,6$.)

Soit x cette distance. La colonne de mercure de h^{cm} fait équilibre à une colonne d'eau de hauteur $(x - H + H')$. En écrivant que ces hauteurs sont inversement proportionnelles aux densités du mercure et de l'eau, on obtient l'équation :

$$x - H + H' = hD;$$

d'où : $$x = H - H' + hD,$$

ou $$x = 7 - 0,5 + 1,25 \times 13,6,$$

$$= 6,5 + 17 = 23^m,5.$$

207. — *Un vase contient du mercure et de l'eau. Une boule de fer flotte à la surface de séparation de ces liquides. Trouver le rapport des volumes* x *et* y *des deux parties de cette boule qui sont plongées respectivement dans le mercure et dans l'eau.* (Densité du mercure $D = 13,6$, densité du fer $d = 7,8$.)

Puisque la boule est en équilibre, son poids $(x + y)d$ est égal à la somme des poids Dx et y du mercure et de l'eau déplacés.

On a donc : $(x+y)d = Dx + y,$

ou en rapprochant les termes en x et les termes en y :

$$(D-d)x = (d-1)y;$$

d'où enfin : $$\frac{x}{y} = \frac{d-1}{D-d};$$

et en remplaçant les lettres par leurs valeurs :

$$\frac{x}{y} = \frac{68}{58} = \frac{34}{29}.$$

CHAPITRE IX

BAROMÈTRE

FORMULAIRE

Atmosphère. — *La* **pression atmosphérique normale est de 1033^{gr} par centimètre carré.**

Elle équivaut à 76^{cm} de mercure,

et à 1033^{cm} d'eau.

Détermination des hauteurs par le baromètre. — La distance verticale z de deux stations, dont la distance horizontale n'est pas très grande, peut se calculer en fonction des hauteurs barométriques H, H' observées simultanément en ces deux points.

Si z est inférieur à 100^{m}, on a sensiblement :

$$z = 10500^{m}(H - H').$$

Pour les distances plus considérables, on emploie la formule plus approchée : $z = 18336^{m}(\log. H - \log. H')$.

208. — *La pression atmosphérique étant mesurée par* $H = 76^{cm}$ *de mercure, dont la densité est* $D = 13{,}6$, *quelle est la poussée totale exercée par l'atmosphère sur la surface d'un étang qui mesure* $S = 1{,}5$ *hectare?*

Cette pression est égale au poids d'une colonne de mercure qui aurait pour base S, pour hauteur H et pour densité D. Elle est donnée par la formule : $P = SHD.$

Pour appliquer cette formule, prenons pour unités correspondantes le décimètre et le kilogramme.

On aura : $S = 1500000^{dq}$,

et $H = 7,6^{dm}$;

d'où : $P = 155000000^{kg}$,

$= 155000$ tonnes.

209. — *La colonne mercurielle soulevée dans le tube de Torricelli occupe une longueur* $a = 76^{cm}$, *quand ce tube est vertical. Que devient cette longueur, quand on penche le tube de manière que les verticales menées par les deux extrémités de la colonne présentent un écartement égal à* $b = 25^{cm}$?

Soit x cette longueur. La hauteur barométrique, donnée par la différence des niveaux du mercure reste égale à a. Les trois longueurs x, a, b forment un triangle rectangle qui donne :

$$x^2 = a^2 + b^2;$$

d'où :

$$x = \sqrt{a^2 + b^2},$$

et en remplaçant les lettres par leurs valeurs :

$$x = \sqrt{5776 + 625},$$
$$= \sqrt{6401},$$
$$= 80^{cm}.$$

210. — *Exprimer en grammes la différence des pressions supportées par une surface de* 1^{mq} *soumise successivement à des pressions de* 722^{mm} *et de* 782^{mm} *de mercure (limites extrêmes des variations barométriques à Paris).*

Chacune de ces pressions est égale au poids d'une colonne de mercure (densité 13,6).

Évaluons-les en grammes. Pour cela, il faut exprimer les hauteurs en centimètres et la surface en centimètres carrés.

La première pression est :

$$10000 \times 72,2 \times 13,6,$$

et la seconde :

$$10000 \times 78,2 \times 13,6.$$

L'accroissement est la différence :

$$10000 \times 13,6(78,2 - 72,2),$$

ou

$$136000 \times 6;$$

et enfin :

$$816000^{gr}.$$

La pression par mètre carré varie de 816^{kg}.

211. — *Quelle serait l'épaisseur d'une couche de basalte pesant 2720kg par mètre cube, q   roduirait une pression égale à celle de l'atmosphère   celle de 76cm de mercure dont la densité est 13,6?*

Soit x cette épaisseur.

En égalant entre elles les pressions par centimètre carré, on a :

$$2{,}720x = 76 \times 13{,}6;$$

d'où :

$$x = \frac{76 \times 1360}{272} = 76 \times 5 = 380^{cm}.$$

La couche de basalte aurait $3^m{,}80$ d'épaisseur.

212. — *La densité du sulfure de carbone étant 1,27, celle de l'acide sulfurique 1,85 et celle de l'alcool 0,794; calculer la hauteur des colonnes de ces liquides qui feraient équilibre à la pression atmosphérique mesurée par 76cm de mercure (densité 13,6).*

Raisonnons d'une manière générale, sur un liquide de densité d. Soit x la hauteur de ce liquide qui ferait équilibre à 76cm de mercure. Pour que deux colonnes liquides se fassent équilibre, il faut que leurs hauteurs soient inversement proportionnelles à leurs densités.

On aura donc :

$$\frac{x}{76} = \frac{13{,}6}{d};$$

d'où :

$$x = \frac{76 \times 13{,}6}{d}.$$

En remplaçant d successivement par les trois valeurs données, on obtient :

1°
$$x_1 = \frac{76 \times 13{,}6}{1{,}27} = 813{,}8;$$

2°
$$x_2 = \frac{76 \times 13{,}6}{1{,}85} = 558{,}7;$$

3°
$$x_3 = \frac{76 \times 13{,}6}{0{,}794} = 1301.$$

Les hauteurs demandées sont :

$8^m{,}13$, $5^m{,}58$ et 13^m.

213. — *Un baromètre métallique marque* $H = 751^{mm}$ *au bas d'une tour et* $h = 747^{mm}$ *au sommet. Quelle est la hauteur de cet édifice?*

Soit x cette hauteur.

Elle est assez petite pour que l'on ait sensiblement :

$$x = 105(H - h);$$

c'est-à-dire en remplaçant H et h par leurs valeurs en centimètres :

$$x = 105 \times 0{,}4 = 42^{m}.$$

214. — *En effectuant l'ascension d'un rocher qui a 63m de hauteur, on emporte un baromètre métallique qui marque H = 733mm au pied de ce rocher. Combien cet instrument marquera-t-il au sommet?*

Soit h la hauteur barométrique demandée.

En appliquant la relation :

$$z = 105(H - h),$$

on obtient :

$$63 = 105(73{,}3 - h);$$

d'où

$$73{,}3 - h = \frac{63}{105} = 0{,}6;$$

et enfin :

$$h = 73{,}3 - 0{,}6 = 72^{cm},7.$$

215. — *Calculer l'altitude du mont Blanc sachant que la pression atmosphérique au sommet de cette montagne est de 42cm alors que le baromètre marque 73cm à l'observatoire de Genève, qui est à 408m au-dessus du niveau de la mer.*

Pour obtenir la différence d'altitude entre Genève et le sommet du mont Blanc, appliquons la formule de Laplace. Abstraction faite de plusieurs termes correctifs, cette formule est :

$$x = 18336 \log. \frac{H}{h}.$$

On a :

$$\log. \frac{H}{h} = \log. H - \log. h.$$

Dans le cas actuel : $H = 73, \quad h = 42.$

Or :

$$\log. 73 = 1{,}86332,$$
$$\log. 42 = 1{,}62325.$$

Donc :

$$\log. \frac{H}{h} = 0{,}24007.$$

La différence d'altitude entre les deux points est donc à peu près :

$$x = 18336 \times 0{,}24;$$

soit :

$$x = 4400^{m}.$$

En ajoutant l'altitude de Genève, 408m, on obtient :

$$4808^{m}.$$

L'altitude du mont Blanc est voisine de 4800m.

CHAPITRE X

PRESSIONS DES GAZ CONFINÉS

FORMULAIRE

Loi de Mariotte. — *A une même température, le volume et la pression d'une masse gazeuse sont inversement proportionnels.*

C'est-à-dire que *ces deux variables ont un produit constant,* caractéristique de la masse gazeuse considérée.

Si une même masse gazeuse occupe un volume V sous la pression H, puis un volume V' sous la pression H', on a :

$$\frac{V}{V'} = \frac{H'}{H}; \qquad \text{d'où :} \qquad VH = V'H' = C^{te}.$$

Cette relation entre quatre quantités permet de calculer l'une quelconque d'entre elles connaissant les trois autres.

*L*e **volume normal** *d'une masse gazeuse est le volume que prend cette masse à la température 0°, sous la pression 76cm.*

Si une masse gazeuse à 0° occupe un volume V sous la pression H, son volume normal est donné par la loi de Mariotte :

$$V' \times 76 = VH; \qquad \text{d'où} \qquad V' = \frac{VH}{76}.$$

Loi de Dalton. — *La pression d'un mélange gazeux est égale à la somme des pressions individuelles de tous les gaz mélangés.*

Si l'on introduit dans un volume V une masse gazeuse qui occupait un volume v sous la pression h, et un autre gaz qui occupait un volume v' sous la pression h', le mélange acquiert une pression :

$$H = \frac{vh}{V} + \frac{v'h'}{V}.$$

En chassant le dénominateur, on obtient :

$$VH = vh + v'h'.$$

Donc *la constante caractéristique du mélange gazeux est égale à la somme des constantes caractéristiques des divers gaz mélangés.*

Poids d'une masse d'air. — Un litre d'air, pris aux conditions normales (0°,76cm) pèse :

$$a = 1^{gr},293.$$

Le *poids normal du centimètre cube d'air* est donc :

$$a = 0^{gr},001293.$$

Le *poids d'une masse d'air* qui occupe, à 0°, un volume V sous la pression H, est donné par la formule :

$$P = \frac{VHa}{76};$$

c'est le produit du volume normal de cette masse d'air, par le poids normal du litre ou du centimètre cube d'air.

Poids d'une masse gazeuse de densité d. — *La* **densité** d'un **gaz** *est le rapport du poids P de ce gaz au poids P' du même volume d'air, pris dans les mêmes conditions de température et de pression.*

On a : $d = \frac{P}{P'}$; d'où : $P = P'd$.

Donc le poids d'une masse gazeuse quelconque est égal au produit de sa densité d par le poids P' d'une masse d'air prise aux mêmes conditions de volume, de pression et de température.

Si la température est 0°, le volume V et la pression H, le poids de la masse gazeuse est :

$$P = \frac{VHad}{76}.$$

§ I. Manomètres.

216. — *La pression d'un gaz est de* $H = 125^{cm}$ *de mercure dont la densité est* $D = 13,6$. *Évaluer la même pression en centimètres d'eau, et en grammes par centimètre carré.*

Soient H' et p les deux nombres demandés.
Ce dernier peut s'écrire :

$$p = HD = H' \times 1.$$

Donc : $p = H' = HD = 13,6 \times 125 = 1700.$

La pression est égale à 1700^{gr} par centimètre carré. Elle est équivalente à la pression de 17^{m} d'eau.

217. — *La chambre barométrique n'est pas absolument vide. Le mercure émet des vapeurs qui la remplissent, et acquièrent à la température de 0° une pres-*

sion de 0mm,02. *Quelle fraction d'atmosphère cette pression représente-t-elle?*

La fraction demandée est :

$$\frac{0,02}{760} = \frac{1}{38000}.$$

A la température de 0°, les vapeurs mercurielles dépriment la colonne barométrique de $\frac{1}{38000}$ de sa hauteur.

218. — *La soupape d'une chaudière a une surface de* S = 5cq. *Quel poids faut-il donner à cette soupape pour qu'elle se soulève, quand la pression de la vapeur dans la chaudière atteindra* n = 6 *atmosphères? La pression atmosphérique extérieure équivaut à* 76cm *de mercure, de densité* 13,6.

La soupape est sollicitée par la différence des poussées qui s'exercent sur ses deux faces. Elle doit donc se soulever sous la poussée de $(n-1)$ atmosphères. Cela représente, en grammes par centimètre carré :

$$(n-1)76 \times 13,6.$$

Et pour une surface S :

$$S(n-1)76 \times 13,6.$$

En remplaçant les lettres par leurs valeurs, on obtient

$$25 \times 76 \times 13,6,$$

$$25840^{gr},$$

ou

$$25^{kg},84.$$

219. — *Un récipient à gaz étant mis en communication avec un manomètre à siphon, le mercure est refoulé dans la branche ouverte à* 1m,82 *au-dessus du niveau dans l'autre branche. Quelle est la pression du gaz contenu dans le récipient?*

La pression indiquée par le manomètre est égale à la pression atmosphérique 76cm, plus la pression de 182cm de mercure, c'est-à-dire :

$$76 + 182 = 258^{cm}.$$

220. — *Un manomètre à siphon contient de l'eau. On met en communication l'une des branches avec un récipient à gaz dont on veut mesurer la pression. L'eau est* *refoulée dans l'autre branche et la différence des niveaux devient* $h = 68^{cm}$. *La pression atmosphérique étant* $H = 76^{cm}$ *et la densité du mercure* $D = 13{,}6$, *quelle est la pression du gaz contenu dans le récipient ?*

Cette pression est égale à H^{cm} de mercure plus h^{cm} d'eau. C'est-à-dire :

1° En grammes par centimètre carré :

$$x = HD + h;$$

2° En centimètres de mercure :

$$y = \frac{x}{D} = H + \frac{h}{D}.$$

Remplaçant chaque lettre par sa valeur, on trouve :

$$x = 1033 + 68 = 1101^{gr},$$

et

$$y = 76 + 5 = 81^{cm}.$$

221. — *Un petit manomètre à siphon contient une huile minérale de densité* $d = 0{,}81$. *L'une des branches étant mise en communication, par un tube de caoutchouc, avec un tuyau de plomb amenant le gaz d'éclairage, on constate que la différence des niveaux de l'huile devient* $h = 151^{mm}$. *Quelle est la pression du gaz, en grammes par centimètre carré et en centimètres de mercure, la densité du mercure étant* $D = 13{,}59$ *et la pression atmosphérique* $H = 76^{cm}$?

Soit x cette pression en grammes.

Elle est égale à la pression atmosphérique augmentée de la pression de h^{cm} du liquide de densité d. On a donc :

$$\begin{aligned} x &= HD + hd, \\ &= 1032{,}84 + 12{,}231, \\ &= 1045{,}07. \end{aligned}$$

Soit y la même pression en centimètres de mercure. On a :

$$\begin{aligned} y &= H + \frac{hd}{D}, \\ &= 76 + \frac{12{,}231}{13{,}59} = 76^{cm}{,}9. \end{aligned}$$

L'excès de la pression du gaz sur celle de l'atmosphère est de $12^{gr},231$ ou de 9^{mm} de mercure.

§ II. Loi de Mariotte.

222. — *Une masse gazeuse occupe un volume* $V = 15^l$ *sous la pression atmosphérique* $H = 76^{cm}$. *A quel volume* $V' = x$ *faut-il la réduire pour que sa force élastique atteigne* $H' = 285^{cm}$?

La loi de Mariotte donne l'équation :

$$285x = 15 \times 76;$$

d'où :

$$x = \frac{15 \times 76}{285} = 4^l.$$

223. — *Un petit ballon de caoutchouc placé sous le récipient de la machine pneumatique contient* $V = 120^{cc}$ *d'air à la pression atmosphérique* $H = 75^{cm}$. *Il se gonfle quand on fait le vide et il acquiert un volume de* $V' = 2^l$ *à une pression que l'on propose d'évaluer.*

Soit x cette pression.
La loi de Mariotte donne :

$$V'x = VH;$$

d'où :

$$x = \frac{VH}{V'};$$

et en remplaçant les lettres par leurs valeurs :

$$x = \frac{120 \times 75}{2000} = 4^{cm},5.$$

La pression se réduit à $4^{cm},5$.

224. — *Un gaz occupe un volume* $V = 22^l$ *sous une pression* $H = 60^{cm}$. *De combien faut-il augmenter cette pression pour que le volume diminue de* $v = 7^l$?

Soit x l'augmentation de pression.
D'après la loi de Mariotte, on aura :

$$(H + x)(V - v) = VH.$$

Équation d'où l'on tire :

$$x = \frac{vH}{V - v},$$

ou, en remplaçant les lettres par leurs valeurs :

$$x = \frac{7 \times 60}{15} = 28^{cm}.$$

Il faut augmenter la pression de 28^{cm}.

225. — *Un ballon de verre contenant* $V = 6^{l},313$ *d'air à la pression* $H = 76^{cm}$ *est mis en communication avec un ballon vide, dont la capacité est* $V' = 3^{l},852$. *Que deviendra la pression de l'air?*

Cette nouvelle pression, x, est donnée par la loi de Mariotte :

$$(V + V')x = VH;$$

d'où :

$$x = \frac{VH}{V + V'};$$

et, en remplaçant les lettres par leurs valeurs :

$$x = \frac{6,313 \times 76}{10,165} = 47^{cm},2.$$

La pression du gaz dans les deux ballons est de $47^{cm},2$.

226. — *On abandonne dans la mer une vessie remplie d'air à la pression atmosphérique et lestée par un corps assez lourd pour l'entraîner au fond de l'eau. A quelle profondeur le système devra-t-il s'enfoncer, pour que le volume de l'air se réduise à la moitié, au tiers, au quart..., au* n^{e} *de sa valeur primitive? On admettra que la pression atmosphérique équivaut à la pression de* 10^{m} *d'eau de mer.*

A la profondeur x la pression de l'air est égale à la pression atmosphérique, plus la pression de x^{m} d'eau, c'est-à-dire :

$$\left(1 + \frac{x}{10}\right) \text{atmosphères.}$$

Pour que le volume primitif soit divisé par n, il faut que la pression soit multipliée par n, c'est-à-dire que l'on ait :

$$1 + \frac{x}{10} = n;$$

d'où ; $x = 10(n - 1)$.

Donc, pour : $n = 2, 3, 4, 5..., 10..., 100.$

on a : $x = 10^{m}, 20^{m}, 30^{m}, 40^{m}..., 90^{m}..., 990^{m}.$

227. — *Un cylindre vertical de longueur* $l = 60^{cm}$, *de section* $s = 150^{cq}$ *fermé à la partie inférieure, est rempli d'air isolé de l'atmosphère par un piston de poids négligeable. De quelle longueur ce piston s'enfoncera-t-il dans le cylindre, si on le surcharge d'un poids de* $P = 6^{kg},46$? *La pression atmosphérique est* $H = 76^{cm}$ *et la densité du mercure* $d = 13,6$.

Soit x cette longueur.

Les volumes successifs de la masse d'air emprisonnée sont :

$$sl, \quad \text{et} \quad s(l-x);$$

et ses pressions, évaluées en grammes par centimètre carré :

$$Hd, \quad \text{et} \quad Hd + \frac{P}{s}.$$

La loi de Mariotte donne l'équation :

$$slHd = s(l-x)\left(Hd + \frac{P}{s}\right),$$

ou

$$\left(Hd + \frac{P}{s}\right)x = \frac{lP}{s};$$

d'où l'on tire :

$$x = \frac{lP}{Hds + P};$$

et, en remplaçant chaque lettre par sa valeur :

$$x = \frac{60 \times 6460}{76 \times 13,6 \times 150 + 6460} = 2,4.$$

Le piston s'enfoncera de $2^{cm},4$.

228. — *On enferme dans un briquet à air une masse d'air qui occupe une longueur* $l = 30^{cm}$ *à la pression atmosphérique* $H = 76^{cm}$. *La section intérieure du tube étant* $s = 15^{cq}$, *quelle force faut-il appliquer au piston pour l'enfoncer d'une longueur* $l' = 25^{cm}$?

Soit x cette force. Appliquons la loi de Mariotte à l'air confiné, en évaluant sa pression en grammes par centimètre carré.

La pression atmosphérique de 76^{cm} de mercure équivaut à :

$$76 \times 13,6 = 1033^{gr}.$$

La masse d'air a occupé successivement :

un volume sl à la pression : 1033,

et un volume $s(l - l')$ à la pression : $1033 + \frac{x}{s}$.

On a donc l'équation :

$$sl.1033 = s(l - l')\left(1033 + \frac{x}{s}\right);$$

d'où l'on tire : $$x = \frac{1033l's}{(l - l')};$$

et en remplaçant les lettres par leurs valeurs :

$$x = \frac{1033 \times 25 \times 5}{5} = 25825^{gr}.$$

Il faut appliquer une force de $25^{kg},8$.

Tube de Mariotte.

229. — *Un gaz est comprimé dans la petite branche d'un tube de Mariotte, par du mercure qui présente une différence de niveau* $h = 20^{cm}$. *La pression atmosphérique est* $H = 76^{cm}$. *On verse du mercure dans la branche ouverte jusqu'à ce que le volume du gaz soit réduit de* $\frac{1}{5}$. *Que devient la différence des niveaux du mercure?*

Soient x la différence demandée et V le volume primitif de la masse gazeuse.

Celle-ci occupe d'abord : un volume V sous la pression $H + h$;

Puis un volume $\frac{4V}{5}$ sous la pression $H + x$.

On a donc, d'après la loi de Mariotte :

$$\frac{4V}{5}(H + x) = V(H + h),$$

ou $$4(H + x) = 5(H + h);$$

d'où : $$x = \frac{H + 5h}{4};$$

et en remplaçant les lettres par leurs valeurs :

$$x = \frac{76 + 100}{4} = 44^{cm}.$$

La différence des niveaux devient égale à 44^{cm}.

230. — *La petite branche d'un tube de Mariotte est cylindrique. Elle contient de l'air qui occupe une longueur* $l = 12^{cm}$, *quand la différence des niveaux du mercure est* $h = 25^{cm}$ *et une longueur* $l' = 7^{cm}$, *quand la diffé-*

rence des niveaux devient $h' = 95^{cm}$. *On demande, d'après cela, quelle est la pression barométrique au moment de l'expérience.*

Soient X cette pression et s la section du tube :

L'air confiné occupe d'abord :

Un volume sl sous la pression $X + h$;

Puis le volume sl' sous la pression $X + h'$.

On a donc, d'après la loi de Mariotte :

$$sl(X + h) = sl'(X + h');$$

d'où :

$$(l - l')X = l'h' - lh;$$

et enfin :

$$X = \frac{l'h' - lh}{l - l'};$$

ou, en remplaçant les lettres par leurs valeurs :

$$X = \frac{7 \times 95 - 12 \times 25}{5} = 7 \times 19 - 12 \times 5 = 73.$$

La pression atmosphérique est de 73^{cm}.

231. — *Un gaz occupe un volume* $V = 357^{cc}$. *On le met en communication avec un manomètre. Son volume augmente de* $v = 42^{cc}$, *et, d'après l'indication du manomètre, sa pression devient* $H = 147^{cm}$. *Quelle était sa pression primitive?*

Soit x cette pression.

La même masse gazeuse a occupé successivement :

Un volume V sous la pression x;

Un volume $V + v$ sous la pression H.

La loi de Mariotte donne l'équation :

$$Vx = (V + v)H;$$

d'où l'on tire :

$$x = \frac{(V + v)H}{V};$$

et, en remplaçant chaque lettre par sa valeur :

$$x = \frac{399 \times 147}{357} = 161^{cm}.$$

Le gaz était primitivement à la pression de 161^{cm}.

232. — *Un tube en U à branches cylindriques contient du mercure qui s'élève à la même hauteur dans les deux branches. L'une de ces branches, fermée par le haut, renferme de l'air qui occupe une longueur de* 60^{cm}, *sous la* *pression atmosphérique de 76cm. L'autre branche est mise en communication avec un récipient à gaz. Quelles pressions faut-il établir dans ce récipient, pour que l'air confiné dans la première branche se réduise à la moitié, au tiers, au quart..., au 10e de son volume primitif?*

D'une manière générale, soit x la pression qui doit régner dans le récipient, pour que le gaz de la première branche soit réduit au $\frac{1}{n^e}$ de son volume primitif.

D'après la loi de Mariotte ce gaz acquiert une pression égale à $76n$; et d'après le principe des surfaces de niveau, la pression x est égale à cette pression $76n$ plus la différence de niveau $2\left(\frac{n-1}{n}\right)60$, qui s'établit entre les deux branches.

On a donc :

$$x = 76n + 120\frac{n-1}{n}.$$

En remplaçant successivement n par 2, 3, 4..., 10, on obtient :

212, 308, 394, 476, 556..., 868.

Tube de Torricelli.

233. — *Un tube de Torricelli retourné sur une cuvette profonde contient de l'air, qui occupe une longueur* $l = 10^{cm}$, *à la pression atmosphérique* $H = 75^{cm}$. *On soulève le tube de manière que le gaz occupe une longueur* $l' = 25^{cm}$. *De quelle hauteur le mercure sera-t-il soulevé dans le tube ?*

Soient x cette hauteur et s la section intérieure du tube.

Le gaz occupe successivement :

Un volume sl sous la pression H;

Un volume sl' sous la pression $H - x$.

On a donc, d'après la loi de Mariotte :

$$slH = sl'(H - x);$$

d'où :

$$x = \frac{(l' - l)H}{l'};$$

ou, en remplaçant les lettres par leurs valeurs :

$$x = \frac{15 \times 75}{25} = 45^{cm}.$$

Le mercure s'élèvera de 45cm.

234. — *Un tube de Torricelli retourné sur la cuvette profonde contient de l'air qui occupe une longueur* $l = 21^{cm}$, *quand le mercure est soulevé dans le tube d'une hauteur* $h = 24^{cm}$ *au-dessus du niveau de la cuvette, et une longueur* $l' = 28^{cm}$, *quand le mercure est soulevé de* $h' = 36^{cm}$. *Quelle est la pression atmosphérique au moment de l'expérience ?*

Soient x cette pression et s la section intérieure du tube.

L'air confiné occupe successivement :

Un volume sl sous la pression $x - h$;

Et un volume sl' sous la pression $x - h'$.

D'après la loi de Mariotte, on a donc l'équation :

$$sl(x - h) = sl'(x - h');$$

d'où l'on tire :
$$x = \frac{lh - l'h'}{l - l'} = \frac{l'h' - lh}{l' - l};$$

et, en remplaçant les lettres par leurs valeurs :

$$x = \frac{28 \times 36 - 21 \times 24}{7} = 72.$$

La hauteur barométrique est de 72^{cm}.

235. — *On construit un baromètre sans se préoccuper des gaz qui peuvent rester dans la chambre barométrique. Cet instrument marque* $H = 72^{cm}$, *alors que la chambre barométrique occupe une longueur* $l = 25^{cm}$. *On enfonce le tube dans la cuvette, de manière que la chambre se réduise à une longueur* $l' = 21^{cm}$. *Alors l'instrument ne marque plus que* $H' = 71^{cm},4$. *Quelle est la pression atmosphérique au moment de l'expérience ?*

Soit x cette pression, et s la section du tube.

Appliquons la loi de Mariotte à la masse gazeuse restée au-dessus de la colonne mercurielle.

Cette masse gazeuse a occupé successivement :

Un volume sl à la pression $x - H$;

Et un volume sl' à la pression $x - H'$.

On a donc :
$$sl(x - H) = sl'(x - H');$$

d'où :
$$x = \frac{lH - l'H'}{l - l'};$$

et, en remplaçant les lettres par leurs valeurs :

$$x = \frac{25 \times 72 - 21 \times 71,4}{4} = \frac{300,6}{4} = 75^{cm},15.$$

La pression atmosphérique est de $75^{cm},15$.

236. — *Un tube de Torricelli, retourné sur la cuve à mercure, contient 46^{cc} d'azote et une colonne de mercure soulevée de 48^{mm} au-dessus du niveau extérieur. On soulève le tube, de manière que la colonne de mercure augmente de 35^{mm}. La pression barométrique étant de 755^{mm}, que devient le volume de l'azote?*

Soit x le volume final de l'azote.

Appliquons la loi de Mariotte à cette masse gazeuse.

Elle occupe d'abord 46^{cc} sous la pression $755 - 48$ ou 707.

Puis un volume x sous la pression $755 - 48 - 35$ ou 672.

En écrivant que le volume multiplié par la pression donne un produit constant, on obtient l'équation :

$$x \times 672 = 46 \times 707;$$

d'où :

$$x = \frac{46 \times 707}{672} = 48,39.$$

Le volume de l'azote devient $48^{cc},39$.

237. — *Un ballon de volume $V = 500^{cc}$ contient de l'air dont on veut mesurer la pression. Pour cela, on ajuste ce ballon, au moyen d'une monture à robinet, à la partie supérieure d'un baromètre, dont la section intérieure est égale à $s = 2^{cq}$ et la longueur au-dessus de la cuvette $l = 100^{cm}$. La hauteur barométrique tombe de $H = 76^{cm}$ à $h = 25^{cm}$. Quelle était la pression de l'air dans le ballon?*

Soit x cette pression.

La masse d'air a occupé successivement :

Un volume V à la pression x;

Un volume $V + s(l - h)$ à la pression $H - h$.

La loi de Mariotte donne l'équation :

$$Vx = \{V + s(l - h)\}(H - h),$$

d'où l'on tire :

$$x = \frac{\{V + s(l - h)\}(H - h)}{V};$$

et, en remplaçant les lettres par leurs valeurs :

$$x = \frac{(500 + 150)51}{500} = 66^{cm},3.$$

La pression de l'air était $66^{cm},3$.

Éprouvette manométrique.

238. — *On a recueilli sur la cuve à mercure, dans une éprouvette graduée, un gaz qui occupe* $V = 316^{cc}$, *alors que le mercure est soulevé de* $h = 19^{cm}$ *dans l'éprouvette. On enfonce celle-ci dans le mercure, de manière que le gaz prenne la pression atmosphérique, qui est* $H = 76^{cm}$. *Que devient alors le volume de ce gaz?*

Soit x ce volume.

Les conditions successives de la masse gazeuse sont :

Un volume V sous la pression $H - h$;

Un volume x sous la pression H.

La loi de Mariotte donne l'équation :

$$Hx = V(H - h);$$

d'où :

$$x = \frac{V(H-h)}{H};$$

et, en remplaçant chaque lettre par sa valeur :

$$x = \frac{316 \times 57}{76} = 237^{cc}.$$

Le gaz occupera 237^{cc}.

239. — *Dans une éprouvette graduée reposant sur la cuve à mercure, un gaz occupe un volume de* $V = 375^{cc}$, *quand le mercure s'élève dans l'éprouvette de* $h = 15^{cm}$ *au-dessus du niveau extérieur. Quel serait le volume de ce gaz à la pression atmosphérique* $H = 75^{cm}$?

Connaissant le volume V de la masse gazeuse sous la pression $(H - h)$, on demande son volume x sous la pression H.

La loi de Mariotte donne l'équation :

$$xH = V(H - h);$$

d'où :

$$x = \frac{V(H-h)}{H};$$

numériquement :

$$x = \frac{375 \times 60}{75} = 300^{cc}.$$

A la pression atmosphérique le gaz occupera 300^{cc}.

240. — *Une éprouvette graduée reposant sur la cuve à mercure contient* $v = 190^{cc}$ *de gaz. La hauteur baromé-*

trique est $H = 73^{cm}$ *et le mercure est soulevé dans l'éprouvette à une hauteur* $h = 15^{cm}$ *au-dessus du niveau dans la cuve. Quel serait le volume du gaz à la pression normale de* 76^{cm} *de mercure?*

La masse gazeuse occupe un volume v sous la pression $(H - h)$. Si on la ramène à la pression 76, elle prendra un volume x donné par la formule de Mariotte :

$$76x = v(H - h);$$

d'où :

$$x = \frac{v(H - h)}{76};$$

et, en remplaçant les lettres par leurs valeurs :

$$x = \frac{190 \times 58}{76} = 145^{cc}.$$

A la pression normale, le volume du gaz se réduirait à 145^{cc}

241. — *On a recueilli sur la cuve à eau, dans une éprouvette graduée, un gaz qui occupe un volume* $V = 380^{cc}$, *alors que la pression atmosphérique est* $H = 73^{cm},25$ *et que l'eau monte dans l'éprouvette à une hauteur* $H = 17^{cm}$ *au-dessus du niveau de la cuve. Quelle est la pression actuelle de ce gaz, et quel volume occuperait-il à la pression normale de* 76^{cm}? *La densité du mercure est* $D = 13,6$.

1° La pression actuelle du gaz est égale à la pression atmosphérique H, diminuée de la pression d'une colonne d'eau de hauteur h, Soit x l'équivalent de cette dernière en hauteur de mercure.

On a : $x \times D = h$; d'où : $x = \frac{h}{D}$.

La pression du gaz est donc :

$$y = H - \frac{h}{D} = 73,25 - \frac{17}{13,6} = 72^{cm}.$$

2° Son volume normal, z, est donné par la formule de Mariotte :

$$76z = 380 \times 72;$$

d'où :

$$z = 360^{cc}.$$

242. — *Un ballon de verre est soudé à la partie supérieure d'un long tube vertical qui plonge dans une cuve à eau et dont la section intérieure est* $s = 1^{cq}$. *Il contient* *une masse gazeuse qui occupe un volume* $V = 4896^{cc}$ *à la pression atmosphérique, quand celle-ci est* $H = 71^{cm}$. *On demande pour quelle valeur de la pression atmosphérique l'eau s'élèvera dans le tube à une hauteur de* $h = 68^{cm}$. *La densité du mercure est* $D = 13,6$.

Soit x cette pression. L'air confiné occupe successivement :
Un volume V sous la pression H;
Et un volume $(V - sh)$ sous la pression $\left(x - \frac{h}{D}\right)$.

En appliquant la loi de Mariotte, on obtient l'équation :

$$(V - sh)\left(x - \frac{h}{D}\right) = VH;$$

d'où l'on tire :

$$x = \frac{h}{D} + \frac{VH}{V - sh};$$

et, en remplaçant chaque lettre par sa valeur :

$$x = \frac{68}{13,6} + \frac{4896 \times 71}{4828};$$
$$= 5 + 72;$$
$$= 77^{cm}.$$

243. — *Un ballon de verre est soudé à la partie supérieure d'un tube vertical qui plonge dans une cuve à eau et dont la section intérieure est* $s = 1^{cq}$. *Il contient une masse gazeuse qui occuperait un volume* $V = 1020^{cc}$ *à la pression atmosphérique, si cette dernière devenait égale à* $H = 70^{cm}$. *Quelle est la valeur de la pression atmosphérique qui soulèverait l'eau dans le tube à une hauteur* $h = 68^{cm}$ *au-dessus du niveau dans la cuve? La densité du mercure est* $D = 13,6$.

L'équation est :

$$x = \frac{h}{D} + \frac{VH}{V - sl}.$$

On trouve :

$$x = \frac{68}{13,6} + \frac{1020 \times 70}{952};$$
$$= 5 + 75 = 80^{cm}.$$

244. — *Un tube de Torricelli retourné sur la cuve à eau contient un gaz qui occupe une longueur* $l = 63^{cm},5$ *à la pression atmosphérique* $H = 70^{cm}$. *De quelle hauteur l'eau montera-t-elle dans ce tube, si la hauteur barom-*

trique vient à augmenter jusqu'à $H' = 75$? *La densité du mercure est* $d = 13,6$.

Soient x la hauteur demandée et s la section du tube.

Évaluons toutes les pressions en grammes par centimètre carré.

Le gaz emprisonné dans le tube a occupé successivement :

Un volume sl sous la pression Hd;

Puis un volume $s(l-x)$ sous la pression $(H'd-x)$.

La loi de Mariotte donne :

$$slHd = s(l-x)(H'd-x);$$

ou

$$x^2 - (H'd+l)x + ld(H'-H) = 0.$$

Numériquement :

$$x^2 - 1083,5x + 4318 = 0;$$

d'où :

$$x = 541,75 \pm \sqrt{(541,75)^2 - 4 \times 4318};$$

$$= 541,75 \pm 537,75.$$

La petite racine, $x = 4^{cm}$, répond seule à la question.

§ III. Mélanges gazeux.

245. — *Dans un récipient de volume* $V = 10^l$ *on refoule* $v = 15^l$ *d'air, mesurés à la pression* $h = 76^{cm}$, *et* $v' = 12^l$ *d'un autre gaz mesuré à la pression* $h' = 85^{cm}$. *Quelle sera la pression* H *du mélange ?*

En appliquant la formule de Dalton :

$$VH = vh + v'h',$$

on obtient :

$$10H = 15 \times 76 + 12 \times 85;$$

d'où :

$$H = \frac{1140 + 1020}{10} = 216^{cm}.$$

246. — *D'un réservoir à gaz comprimé, dont le volume est* $V = 15^l$, *on retire une masse gazeuse qui occupe un volume* $v = 60^l$ *à la pression* $h = 76^{cm}$. *La pression dans le réservoir devient* $h' = 196^{cm}$. *Quelle était la valeur initiale* H *de cette pression ?*

La formule de Dalton : $VH = vh + v'h'$

donne :

$$15H = 60 \times 76 + 15 \times 196,$$

d'où :

$$H = 4 \times 76 + 196 = 500^{cm}.$$

247. — *Quelle est la pression individuelle de l'oxygène* *dans l'air atmosphérique à la pression normale* 76^{cm}, *si ce gaz constitue les* $\frac{21}{100}$ *du volume de l'atmosphère?*

Soit x cette pression.

Si l'oxygène était seul, au lieu d'occuper 21 volumes à la pression 76, il occuperait 100 volumes à la pression x. En lui appliquant la loi de Mariotte, on obtient :

$$100x = 21 \times 76;$$

d'où :

$$x = \frac{21 \times 76}{100} = 15^{cm},96.$$

248. — *On met en communication deux ballons de verre qui contenaient respectivement* $v = 14^{l}$ *d'un gaz à la pression* $h = 75^{cm}$, *et* $v' = 6^{l}$ *d'un autre gaz à la pression* $h' = 115^{cm}$. *Quelle sera la pression du mélange?*

Le volume du mélange est $v + v'$; soit x sa pression.

La loi de Dalton donne :

$$(v + v')x = vh + v'h';$$

d'où :

$$x = \frac{vh + v'h'}{v + v'},$$

et, en remplaçant les lettres par leurs valeurs :

$$x = \frac{14 \times 75 + 6 \times 115}{20} = 87^{cm}.$$

249. — *Un ballon de verre, de volume* $v = 6^{l}$, *est en relation avec un manomètre qui indique la pression* $h = 80^{cm}$ *du gaz contenu à l'intérieur. On le fait communiquer avec un autre ballon, de volume* $v' = 10^{l}$, *contenant un autre gaz dont on demande la pression, sachant que le manomètre indique une pression finale* $H = 90^{cm}$.

La pression demandée x est donnée par la formule de Dalton :

$$vh + v'x = (v + v')H;$$

d'où :

$$x = \frac{(v + v')H - vh}{v'};$$

et, en remplaçant les lettres par leurs valeurs :

$$x = \frac{16 \times 90 - 6 \times 80}{10} = 96^{cm}.$$

La pression dans le deuxième ballon était de 96^{cm}.

§ IV. Poids des gaz.

250. — *Un ballon de* $6^l,250$, *vide d'air, est suspendu sous l'un des plateaux d'une balance. On ajoute un peu de grenaille dans ce même plateau, puis on fait la tare dans l'autre plateau. On ouvre ensuite le robinet qui fermait le ballon. Quel poids de grenaille faudra-t-il retrancher pour rétablir l'équilibre ?* (1 litre d'air pèse $1^{gr},293$.)

Il faut retrancher un poids de grenaille égal au poids de l'air qui remplit le ballon, c'est-à-dire au poids de $6^l,250$ d'air.

Ce poids est : $6,250 \times 1,293 = 8,08.$

Il faut enlever $8^{gr},08$ de grenaille.

251. — *La variation de poids d'un ballon plein ou vide d'air est de* $5^{gr},750$. *Quel est le volume de ce ballon ?*

Le volume du ballon est égal au volume de l'air qui le remplit.

Or le volume de cet air est égal au quotient de son poids $5^{gr},750$ par le poids du litre d'air $1^{gr},293$.

Le volume demandé est donc :

$$\frac{5750}{1293} = 4,447.$$

Le ballon contient $4^l,447$.

252. — *Quel est le poids d'une masse d'air qui occupe un volume* $V = 50^l$ *à* 0° *sous la pression* $H = 760^{cm}$? *Le poids normal du litre d'air est* $a = 1^{gr},293$.

Ce poids P est donné par la formule connue :

$$P = \frac{VHa}{76},$$

d'où : $P = 50 \times 10 \times 1,293 = 646^{gr},50.$

253. — *La densité absolue de l'air étant* 0,001293 *et la densité relative de l'hydrogène* 0,0695, *quel est le volume normal de* 1^{gr} *d'hydrogène ?*

Le poids p d'un litre d'hydrogène est égal au produit de sa densité par le poids du litre d'air ; c'est-à-dire :

$$p = 0,0695 \times 1,293.$$

Le volume de 1gr d'hydrogène s'obtient en divisant 1gr par le poids du litre.

On trouve : $$\frac{1}{p} = \frac{1}{0{,}0695 \times 1{,}293} = 11^{l}{,}12.$$

Aux conditions normales, 1gr d'hydrogène occupe un volume de 11l,12.

254. — *Pour gonfler un ballon de 500mc, on a employé 258kg,6 de gaz d'éclairage à la pression normale. Quelle est la densité de ce gaz par rapport à l'air, sachant que ce dernier pèse 1gr,293 par litre ?*

Cette densité est le rapport qui existe entre le poids du gaz et le poids du même volume d'air, c'est-à-dire le quotient :

$$\frac{258{,}6}{500 \times 1{,}293} = 0{,}4.$$

La densité du gaz est 0,4.

255. — *Quel est le poids d'une masse de chlore qui remplit un ballon de volume* $V = 15^{l}$, *à* 0°, *sous la pression* $H = 80^{cm}$? *La densité du chlore est* $d = 2{,}47$ *et le poids du litre d'air* $a = 1^{gr}{,}293$.

Il suffit d'appliquer la formule du poids d'un gaz (à la température 0°) :

$$p = \frac{VHad}{76}.$$

On obtient : $$p = \frac{15 \times 80 \times 1{,}293 \times 2{,}47}{76} = 50^{gr}{,}427.$$

Le ballon contient 50gr,4 de chlore.

256. — *Un récipient qui mesure* $V = 100^{l}$ *contient* $p = 393^{gr}$ *de gaz carbonique comprimé à* $H = 2^{atm}$, *à la température de* 0°. *Quelle est, d'après cela, la densité du gaz carbonique, le poids du litre d'air étant* $a = 1{,}293$?

La formule du poids d'un gaz :

$$p = \frac{VHad}{76},$$

donne : $$d = \frac{76p}{VHa},$$

et, en remplaçant les lettres par leurs valeurs :

$$d = \frac{76 \times 393}{100 \times 2 \times 76 \times 1{,}293} = 1{,}519.$$

La densité du gaz serait 1,519.

Poids apparents dans l'air.

257. — *La densité du liège étant* $d = 0{,}24$ *et celle de l'air* $a = 0{,}001293$, *quel est le poids apparent dans l'air de* $P = 1^{kg}$ *de liège?*

Le volume de ce liège est : $V = \frac{P}{d}$.

Il subit dans l'air une poussée égale à :

$$Va = \frac{Pa}{d}.$$

Son poids apparent dans l'air est la différence :

$$x = P - \frac{Pa}{d} = P\left(\frac{d-a}{d}\right),$$

ou, en remplaçant les lettres par leurs valeurs :

$$x = 1000 \cdot \frac{0{,}238707}{0{,}24} = 994^{gr}{,}5.$$

Dans l'air, 1^{kg} de liège ne pèse que $994^{gr}{,}5$.

258. — *Les boules d'un baroscope ont pour volumes respectifs* $V = 1903^{cc}$ *et* $v = 365^{cc}$. *Elles se font équilibre dans l'air à la pression de* 76^{cm}. *De combien de grammes faut-il surcharger la petite boule pour que les deux boules se fassent équilibre dans le vide, le poids du litre d'air étant* $a = 1{,}293$?

Les poids apparents des deux boules subissent les accroissements respectifs Va et va.

Pour rétablir l'équilibre, il faut surcharger la petite boule de la différence : $x = Va - va = (V - v)a$,

c'est-à-dire, en remplaçant chaque lettre par sa valeur :

$$x = 1{,}538 \times 1{,}293 = 1{,}988.$$

Il faudra surcharger la petite boule d'environ 2^{gr}.

259. — *Un ballon gonflé d'hydrogène à la pression de* 76^{cm} *contient* $V = 237^{mc}{,}5$ *de ce gaz, qui pèse* $b = 89^{gr}{,}6$ *le mètre cube. On demande :*

1° *Le poids de l'air déplacé par ce ballon, sachant que le mètre cube d'air pèse* $a = 1293^{gr}$;

2° *La force ascensionnelle de l'aérostat, en admettant que l'enveloppe, la nacelle et les agrès constituent un poids mort de* $p = 260^{kg}$.

1° Le poids de l'air déplacé est :

$$x = Va = 237,5 \times 1,293 = 307000^{gr},$$
$$\text{ou } 307^{kg}.$$

2° La force ascensionnelle est égale au poids de l'air déplacé Va, diminué du poids total du ballon, comprenant le poids de l'hydrogène Vb et le poids mort p.

On a donc :
$$y = Va - Vb - p,$$
$$= V(a - b) - p,$$

et, en remplaçant les lettres par leurs valeurs :

$$y = 237,5 \times 1,204 - 260 = 285,95 - 260 = 25,95.$$

Le ballon déplace 307^{kg} d'air, et sa force ascensionnelle est de $25^{kg},95$.

260. — *Un ballon de baudruche vide pèse* 5^{gr}, *son volume est de* 7^{l}. *Calculer sa force ascensionnelle en le supposant rempli :*

1° *d'hydrogène (densité* 0,069) ;

2° *de gaz d'éclairage (densité* 0,63).

Soient a le poids du litre d'air et d la densité du gaz qui remplit le ballon.

Le poids du litre de ce gaz est ad.

La force ascensionnelle du ballon est égale à la poussée de l'air, moins le poids total du ballon.

La poussée de l'air est le poids de 7^{l} d'air, c'est-à-dire $7a$.

Le poids du ballon comprend :

Le poids de l'enveloppe : 5^{gr}, et le poids du gaz intérieur : $7ad$.

La force ascensionnelle est donc :

$$7a - 7ad - 5,$$

ou :
$$7a(1 - d) - 5.$$

1° Avec de l'hydrogène, cette expression devient :

$$7 \times 1,293 \times 0,931 - 5 = 3,426.$$

2° Avec du gaz d'éclairage :

$$7 \times 1,293 \times 0,37 \quad - 5 = -1,652.$$

Le ballon rempli d'hydrogène s'élèvera avec une force ascensionnelle de $3^{gr},42$. Rempli de gaz d'éclairage, il restera plus lourd que l'air.

CHAPITRE XI

POMPES

§ I. Pompes à liquides.

261. — *Dans une pompe foulante, le diamètre du corps de pompe est de 16^{cm}, et la course du piston de 30^{cm}. Combien de coups de piston faut-il pour que l'eau sorte du tuyau de refoulement, qui a 12^{m} de long et 6^{cm} de diamètre intérieur?*

Pour remplir le tuyau de refoulement, il faut un volume d'eau égal à $\pi r^2 h$ ou $3,1416 \times 9 \times 1200$.

Chaque coup de piston donne un volume :

$$\pi R^2 H \quad \text{ou} \quad 3,1416 \times 64 \times 30.$$

Le nombre demandé est égal au quotient :

$$\frac{9 \times 1200}{64 \times 30} \quad \text{ou} \quad 5,6.$$

L'eau s'échappera pendant le 6e coup de piston.

262. — *La base du piston d'une pompe foulante est un cercle de 10^{cm} de diamètre. Quelle pression faut-il exercer sur ce piston pour soulever l'eau à 10^{m} au-dessus de la base du piston?*

Cette pression est le poids d'une colonne d'eau qui aurait pour base un cercle de 5^{cm} de rayon et une hauteur de 10^{m}.

Pour l'évaluer en grammes, exprimons toutes les longueurs en centimètres.

On obtient : $\pi r^2 h$ ou $3,1416 \times 5^2 \times 1000 = 78540^{gr}$.

Il faut exercer une pression de $78^{k},54$.

263. — *Quelle force faut-il exercer pour soulever le*

piston d'une pompe aspirante amorcée, quand le piston a une surface de 1^{dq} *et les tuyaux d'aspiration une hauteur de* 5^{m} *?*

La force demandée est le poids d'une colonne d'eau de base 1^{dq} et de hauteur 5^{m}.

Cette force est donc, en kilogrammes :

$$1 \times 50 = 50^{k}.$$

On développe cette force au moyen d'un levier qui multiplie dans un rapport convenable l'effort exercé à la main.

264. — *Dans une pompe à incendie, le gaz contenu dans la chambre à air et comprimé par l'eau, est réduit au quart de son volume primitif. Avec quelle force l'eau est-elle lancée à travers l'orifice, dont la surface est égale à* 1^{cq}*?*

Si le volume de l'air est réduit au quart de ce qu'il était à la pression atmosphérique, il s'ensuit, d'après la loi de Mariotte, que sa pression est quadruplée.

Mais comme l'eau s'échappe dans l'atmosphère, elle n'est chassée au dehors que par une pression de $4 - 1 = 3$ atmosphères. C'est-à-dire par une force de :

$$3 \times 1033^{gr} = 3099^{gr}$$

par centimètre carré.

§ II. Pompes à gaz.

265. — *Au moyen d'une machine pneumatique, dont le corps de pompe mesure* $v = 2^{l}$, *on fait le vide dans un récipient qui contient un volume* $V = 8^{l}$ *d'un gaz à la pression* $H = 75^{cm}$. *Que devient la pression dans ce récipient après 1, 2 ou 3 coups de piston?*

Soient h_1, h_2, h_3..., h_n les pressions après 1, 2, 3..., n coups de piston.

Pendant qu'on soulève le piston pour la première fois, l'air emprisonné sous un volume V à la pression H prend un volume $(V + v)$ sous la pression h_1.

D'après la loi de Mariotte, on a :

$$(V + v) h_1 = VH; \quad \text{d'où} \quad h_1 = H \cdot \frac{V}{V + v}.$$

Pendant qu'on soulève le piston pour la seconde fois, l'air confiné dans un volume V sous la pression h_1 prend un volume $(V+v)$ sous la pression h_2.

D'après la loi de Mariotte, on a :

$$(V+v)h_2 = Vh_1;$$

d'où :
$$h_2 = h_1 \cdot \frac{V}{V+v} = H \cdot \left(\frac{V}{V+v}\right)^2.$$

On trouve de même :

$$h_3 = h_2 \cdot \frac{V}{V+v} = H\left(\frac{V}{V+v}\right)^3.$$

et d'une manière générale :

$$h_n = h_{n-1} \cdot \frac{V}{V+v} = H\left(\frac{V}{V+v}\right)^n.$$

Ainsi, chaque pression est égale à la précédente multipliée par le rapport $\frac{V}{V+v}$; et la pression, après n coups de piston, est égale à la pression initiale multipliée par ce même rapport élevé à la puissance n.

Dans le cas actuel, on a :

$$\frac{V}{V+v} = \frac{8}{10} = \frac{4}{5},$$

et les pressions demandées sont :

$$h_1 = 75 \cdot \frac{4}{5} = 60^{cm},$$

$$h_2 = 75 \cdot \frac{16}{25} = 48^{cm},$$

$$h_3 = 75 \cdot \frac{64}{125} = 38^{cm},4.$$

266. — *Le corps de pompe d'une machine pneumatique mesure* $v = 1^l$. *Quel doit être le volume* V *du récipient dans lequel on fait le vide, pour que la pression intérieure* H *soit réduite de moitié dès le premier coup de piston? Et quelles sont alors les pressions successives après 2, 3, 4 coups de piston?*

Chaque coup de piston multiplie la pression actuelle par le rapport $\frac{V}{V+v}$.

Il faut donc que l'on ait :

$$\frac{V}{V+v} = \frac{V}{V+1} = \frac{1}{2}; \quad \text{d'où} \quad V = 1^l;$$

alors, les pressions successives seront :

$$h_1 = \frac{H}{2}, \quad h_2 = \frac{H}{4}, \quad h_3 = \frac{H}{8}, \quad h_4 = \frac{H}{16}, \text{ etc.}$$

Il faut que le volume du récipient soit égal à celui du corps de pompe ; c'est-à-dire à 1^l, et alors la pression, après n coups de piston, est égale à $\frac{H}{2^n}$.

267. — *Le corps de pompe d'une machine pneumatique et le récipient dans lequel on fait le vide ont pour volumes respectifs* $v = 2^l$ *et* $V = 3^l$. *La pression initiale est la pression normale* H. *Trouver le volume normal de l'air qui reste dans le récipient après trois coups de piston ?*

Après trois coups de piston la pression restante est :

$$h_3 = H \cdot \left(\frac{V}{V+v}\right)^3.$$

Il s'agit de trouver le volume normal v_3 d'une masse gazeuse qui occupe un volume V à la pression h_3.

D'après la loi de Mariotte, on a :

$$v_3 \cdot H = V \cdot h_3 ;$$

d'où, en remplaçant h_3 par sa valeur :

$$v_3 = \frac{V}{H} \cdot h_3 = V\left(\frac{V}{V+v}\right)^3.$$

Dans le cas actuel, on a :

$$v_3 = 3 \cdot \left(\frac{3}{5}\right)^3 = \frac{81}{125} = 0^l,656.$$

Après trois coups de piston, l'air restant a pour volume normal 656^{cc}.

268. — *Avec une pompe de compression, dont le corps de pompe mesure* $v = 500^{cc}$, *on comprime de l'air dans un récipient de* $V = 10^l$, *où règne déjà la pression atmosphérique* $H = 76^{cm}$. *Que devient la pression dans ce récipient après* $n = 20$ *coups de piston ?*

D'après la loi de Dalton, la pression finale est égale à la somme des pressions individuelles de toutes les masses gazeuses introduites.

Or chaque coup de piston introduit une masse de volume v sous la pression H, qui acquiert dans le volume V une pression individuelle f donnée par la loi de Mariotte.

$$fV = vH; \quad \text{d'où} \quad f = H \cdot \frac{v}{V}.$$

Après n coups de piston, la pression devient donc :

$$H_n = H + nH\frac{v}{V},$$

ou

$$= H\left(1 + \frac{nv}{V}\right).$$

Dans le cas actuel, on a :

$$H_{20} = 76\left(1 + \frac{20 \times 0{,}50}{10}\right) = 2 \times 76 = 152^{cm}.$$

269. — *Dans un récipient de volume* $V = 12^l$, *rempli d'air à la pression extérieure* $H = 76^{cm}$, *on comprime de l'air atmosphérique à l'aide d'une pompe de compression dont le corps de pompe contient* $v = 500^{cc}$. *Combien faut-il donner de coups de piston pour que la pression dans le récipient devienne* $H' = 247^{cm}$?

Soix x le nombre demandé.

Après x coups de piston, on sait que la pression intérieure devient :

$$H' = H\left(1 + \frac{xv}{V}\right).$$

Cette équation donne :

$$x = \frac{V(H' - H)}{vH},$$

et, en remplaçant les lettres par leurs valeurs :

$$x = \frac{12(247 - 76)}{0{,}5 \times 76} = 54.$$

Il faut donner 54 coups de piston.

CHALEUR

CHAPITRE II

THERMOMÈTRE

FORMULAIRE

Échelle centigrade. — Le thermomètre centigrade marque 0° dans la glace fondante, et 100° dans la vapeur d'eau bouillante à la pression normale.

L'intervalle compris entre ces deux points est divisé en 100 parties d'égal volume.

Le **degré centigrade** *est la variation de température qui fait éprouver au mercure dans le verre le centième de la dilatation apparente qu'il subit entre* 0 *et* 100°.

Échelle Réaumur. — Le thermomètre Réaumur marque 0° dans la glace fondante et 80° dans la vapeur d'eau bouillante.

A une même température, le thermomètre centigrade et le thermomètre Réaumur marquent des nombres C et R, qui sont proportionnels et dans le rapport constant :

$$\frac{C}{R} = \frac{100}{80} = \frac{5}{4}.$$

Cette formule de transformation donne :

$$C = \frac{5}{4} R, \quad \text{et} \quad R = \frac{4}{5} C.$$

Échelle Fahrenheit. — Le thermomètre Fahrenheit marque 32° dans la glace fondante et 212° dans la vapeur d'eau bouillante.

Si, à une même température, le thermomètre centigrade marque C° et le thermomètre Fahrenheit F°, on a :

$$\frac{C}{F-32} = \frac{100}{212-32} = \frac{100}{180} = \frac{5}{9}.$$

Cette formule de transformation peut s'écrire :

$$C = \frac{5}{9}(F - 32) \quad \text{ou} \quad F = \frac{9C}{5} + 32.$$

En résumé, toutes les formules précédentes peuvent s'écrire :

$$\frac{C}{5} = \frac{R}{4} = \frac{F - 32}{9}.$$

270. — *Exprimer en degrés centigrades les points de fusion suivants, qui sont donnés en degrés Réaumur.*

a) *Beurre*, 24°R, b) *Camphre*, 156°R,
c) *Antimoine*, 352°R, d) *Acier*, 1120°R.

La formule de transformation :

$$\frac{C}{R} = \frac{100}{80} = \frac{5}{4}.$$

ou :

$$C = \frac{5}{4} R,$$

donne respectivement :

a) 30 C, *b*) 195°C,
c) 440°C, *d*) 1400°C.

271. — *Exprimer en degrés Réaumur les températures d'ébullition suivantes, données en degrés centigrades :*

a) *acide azotique*, 85° ; b) *acide chlorhydrique*, 110° ;
c) *naphtaline*, 210° ; d) *sélénium*, 665°.

La formule de transformation :

$$\frac{C}{R} = \frac{5}{4}; \quad \text{d'où :} \quad R = \frac{4}{5} C,$$

donne respectivement :

a) 68° R, *b*) 88° R,
c) 168°, *d*) 532°.

272. — *Exprimer en températures centigrades les points de fusion suivants, donnés en degrés Fahrenheit :*

a) *Huile de ricin*, 0°F. d) *Acide stéarique*, 158°F.
b) *Ess. de térébenthine*, 14°F. e) *Caoutchouc*, 248°F.
c) *Acide margarique*, 140°F. f) *Colophane*, 275°F.

La formule de transformation :

$$C = (F - 32)\,\frac{5}{9},$$

donne successivement :

$a = -17°,78$ C, $b = -10°$ C, $c = 60°$ C,
$d = 70°$ C, $e = 120°$ C, $f = 135°$ C.

273. — *Exprimer en degrés Fahrenheit les points d'ébullition suivants, qui sont donnés en températures centigrades :*

a) *Éther sulfurique,* 35°C. b) *Acide azotique,* 50°C.
c) *Benzine,* 80°C. d) *Huile de ricin,* 265°C.

La formule de transformation :

$$\frac{C}{F-32} = \frac{5}{9}\,; \quad \text{d'où :} \quad F = \frac{9}{5}\,C + 32$$

donne successivement :

$a = 95°$F, $b = 122°$F,
$c = 176°$F, $d = 509°$F.

274. — *Les indications d'un thermomètre à mercure sont d'autant plus précises que chaque degré de la tige occupe une longueur plus grande. On a un thermomètre dont les degrés sont très courts, parce que le tube intérieur est trop gros. Dans quelle proportion aurait-on augmenté la longueur de chaque degré, si l'on avait adapté au même réservoir une tige de diamètre intérieur 2, 3, 4 fois plus petit ?*

Si le volume du réservoir reste le même, le volume de chaque degré demeure également invariable.

Or si le diamètre du tube devient 2, 3, 4 fois plus petit, sa section devient 4, 9, 16 fois plus petite. Donc la longueur du degré devient 4, 9, 16 fois plus grande.

275. — *On a adapté à un réservoir de verre un tube divisé en parties d'égal volume, de part et d'autre d'un zéro pris arbitrairement. En introduisant du mercure dans cette enveloppe, on obtient un thermomètre à échelle arbitraire, qui marque —21° dans la glace fondante, et*

39° dans un bain à la température de 20° centigrades. Combien cet instrument marquera-t-il aux températures 5°, 10°, 15° centigrades, et à quelles températures centigrades marquera-t-il 0°, 15°, 30°?

Soit A le nombre des degrés arbitraires qui correspond à la température de C° centigrades. A 20° centigrades correspondent :

$$39 + 21 = 60° \text{ arbitraires.}$$

On a donc :
$$\frac{A + 21}{C} = \frac{60}{20} = 3,$$

d'où les deux formules de transformations :

$$A = 3(C - 7) \qquad \text{et} \qquad C = \frac{A}{3} + 7,$$

La première donne pour $C = 5, 10, 15$:

$$A = -6, \quad +9, \quad +24.$$

La deuxième donne pour $A = 0, 15, 30$:

$$C = 7, \quad 12, \quad 17.$$

CHAPITRE III

QUANTITÉS DE CHALEUR

§ I. Calorimétrie.

FORMULAIRE

Chaleur. — La chaleur est une grandeur physique de même nature que le travail ou l'énergie.

Quand un corps change de température sans changer d'état, la quantité de chaleur qu'il possède varie proportionnellement à sa masse et à sa variation de température.

Les unités de chaleur, comme celles de température, ne sont pas rattachées logiquement au système C.G.S. On les définit d'une manière empirique d'après les propriétés de l'eau.

L'unité de chaleur se nomme **calorie** *ou* **grande calorie**, *c'est la quantité de chaleur absorbée par* 1kg *d'eau pour s'échauffer de* 0° *à* 1°, *ou approximativement de* t° *à* (t + 1)°.

La **petite calorie** *ou* **therm** *est le millième de la grande calorie.*

Capacité calorifique. — *La capacité calorifique d'un corps est la quantité de chaleur que ce corps absorbe pour s'échauffer de 1° centigrade.*

La **chaleur spécifique** *d'un corps est la capacité calorifique de l'unité de masse,* c'est-à-dire, suivant le cas, du gramme ou du kilogramme.

Si un corps de masse p a une *chaleur spécifique* c, sa *capacité spécifique* est pc.

Ce même corps, pour s'échauffer de $t°$ à $t'°$, absorbe :

$$q = pc(t' - t) \text{ calories.}$$

Calorimètre. — La mesure des quantités de chaleur par la **méthode des mélanges** est fondée sur le principe suivant :

Quand plusieurs corps se mettent en équilibre de température, la chaleur gagnée par les uns est égale à la chaleur perdue par les autres.

1. Quantités de chaleur.

276. — *Quelle est la quantité de chaleur absorbée par une plaque de marbre qui pèse* $P = 8^{kg},75$, *et qui s'échauffe de* $t = 15°$ *à* $t' = 115°$, *la chaleur spécifique du marbre étant* $c = 0,216$?

Cette quantité de chaleur q est donnée par la formule :

$$q = Pc(t' - t).$$

En substituant les valeurs numériques, on obtient :

$$q = 8,75 \times 0,216 \times 100 = 189 \text{ grandes calories.}$$

277. — *Un thermomètre contient* $P = 35^{gr}$ *de mercure; quelle est la quantité de chaleur absorbée par ce liquide lorsqu'il s'échauffe de* 0° *à* $t = 100°$, *la chaleur spécifique du mercure étant* $c = 0,033$?

Quand la température croît de 0° à $t°$, chaque gramme de mercure absorbe ct calories.

Donc P^{gr} absorbent : $x = Pct$ calories.

En remplaçant les lettres par leurs valeurs, on obtient :

$$x = 35 \times 100 \times 0,033 = 115,5 \text{ calories.}$$

Ce mercure absorbe 115,5 petites calories.

278 et **279**. — *Un thermomètre contient* $p = 30^{gr},4$ *de mercure, le réservoir de verre pèse* $p' = 2^{gr},5$, *et la tige, de longueur* $l = 45^{cm}$, *pèse* $p'' = 20^{gr}$. *La chaleur spécifique du mercure étant* $c = 0,0333$ *et celle du verre* $c' = 0,198$, *on demande :*

1° *La capacité calorifique de ce thermomètre ;*

2° *Sa valeur en eau, lorsqu'on le plonge seulement en partie dans le calorimètre, de façon que la tige ne soit immergée que sur une longueur* h.

1° La capacité calorifique totale est :

$$pc + (p' + p'')c',$$

ou :

$$1,012 + 4,455 = 5,467.$$

2° La valeur en eau, quand la tige plonge seulement de h^{cm}, est :

$$pc + p'c' + \frac{p''c'h}{l},$$

ou :

$$1,012 + 0,495 + \frac{3,96}{45}h ;$$

c'est-à-dire :

$$1,507 + 0,088h = 1,507 + 2,2 = 3^{gr},707.$$

2. Équilibre thermique.

280. — *On verse* 100^{gr} *de mercure à* $10°$ *dans* 300^{gr} *d'eau à* $50°$. *Quelle sera la température finale du mélange ? La chaleur spécifique du mercure est* 0,033.

Soit x cette température finale. Le mercure s'échauffe de $(x - 10)°$, l'eau se refroidit de $(50 - x)°$.

En écrivant que la quantité de chaleur gagnée par le mercure est égale à la quantité de chaleur perdue par l'eau, on obtient l'équation :

$$100(x - 10)\,0,033 = 300\,(50 - x),$$

ou :

$$x \times 1,011 = 50,11,$$

d'où :

$$x = \frac{50,11}{1,011} = 49,5.$$

La température d'équilibre est 49°5.

281. — *Un vase en verre pèse* $P = 400^{gr}$ *et contient* $V = 500^{cc}$. *On le remplit d'eau à* $T = 100°$. *De combien de degrés cette eau se refroidira-t-elle pour atteindre la température d'équilibre, sachant que le verre était à* $t = 10°$ *et que sa chaleur spécifique est* $c = 0,18$?

Soit x ce nombre de degrés. La température d'équilibre sera :

$$\theta = T - x.$$

L'équation du mélange :

$$Pc(\theta - t) = V(T - \theta)$$

peut donc s'écrire : $$Pc(T - x - t) = Vx;$$

d'où : $$x = \frac{Pc(T-t)}{V + Pc}.$$

Numériquement : $$x = \frac{400 \times 0,18 \times 90}{500 + 400 \times 18} = 11^o,32.$$

L'eau se refroidira de 11°,3.

282. — *Pour élever de 0° à 100° la température de 1kg d'eau, il faut lui faire absorber 100 calories. A quelle température cette même quantité de chaleur élèverait-elle 1kg de cuivre ou 1kg de platine pris à 0°, la chaleur spécifique du cuivre étant 0,095 et celle du platine 0,035?*

Soient x la température finale du cuivre, et y celle du platine.

On a : $$x \times 0,095 = 100,$$

d'où : $$x = \frac{100000}{95} = 1052^o,$$

et : $$y \times 0,035 = 100;$$

d'où : $$y = \frac{100000}{35} = 2857^o$$

Le cuivre serait porté à une température de 1052°, voisine de son point de fusion. Le platine serait porté à plus de 2000°, qui est son point de fusion.

3. Chaleurs spécifiques.

283. — *Quelle est la chaleur spécifique de la pyrite, sachant que* $P = 120^{gr}$ *de ce corps absorbent* $q = 1326^c$ *en s'échauffant de* $t = 15^o$ *à* $t' = 100^o$?

Soit c la chaleur spécifique demandée.

On a : $$q = Pc(t' - t);$$

d'où : $$c = \frac{q}{P(t' - t)}.$$

Numériquement : $$c = \frac{1326}{120 \times 85} = 0,13.$$

La chaleur spécifique de la pyrite est 0,13.

284. — *Un vase en terre cuite pèse $P = 3^{kg}$ et contient $V = 5^{l}$. Sa température étant $t = 15°$, on le remplit d'eau à $T = 100°$, et l'on constate que la température d'équilibre est $\theta = 91°$. Quelle est la chaleur spécifique de cette poterie ?*

Soit c cette chaleur spécifique.
L'équation du mélange est :

$$Pc(\theta - t) = V(T - \theta);$$

d'où :

$$c = \frac{V(T - \theta)}{P(\theta - t)},$$

Numériquement : $c = \frac{5 \times 9}{3 \times 76} = 0,1973.$

285. — *Quelle est la chaleur spécifique de l'air, sachant que si l'on faisait absorber une grande calorie à un mètre cube d'air pris aux conditions normales, on porterait sa température à $t = 3°,26$?*

Le mètre cube d'air normal pèse : $P = 1293^{gr}$.
La chaleur spécifique demandée c satisfait à l'équation :

$$q = Pct,$$

d'où l'on tire :

$$c = \frac{q}{Pt}.$$

Numériquement : $c = \frac{1000}{1293 \times 3,26} = 0,2372.$

La chaleur spécifique de l'air est 0,237.

286. — *On chauffe $P = 500^{gr}$ de cuivre à la température $T = 100°$, et on laisse tomber ce métal dans un calorimètre dont la température est $t = 15°$ et la valeur en eau $M = 800^{gr}$. On constate que la température maximum du calorimètre est $\theta = 19°,75$. Quelle est, d'après cela, la chaleur spécifique du cuivre ?*

Soit x cette chaleur spécifique inconnue.
Écrivons que la quantité de chaleur perdue par le cuivre est égale à la quantité de chaleur gagnée par le calorimètre.

La première est : $Px(T - \theta)$;

la seconde : $M(\theta - t)$.

On a donc : $Px(T-\theta)=M(\theta-t)$;

d'où : $$x=\frac{M(\theta-t)}{P(T-\theta)},$$

et, en remplaçant les lettres par leurs valeurs :

$$x=\frac{800\times4,75}{500\times80,25}=0,0947.$$

La chaleur spécifique serait 0,0947.

287. — *Dans un calorimètre à* $t=19°$, *dont la valeur en eau est* $M=1800^{gr}$, *on laisse tomber* $P=600^{gr}$ *de fer chauffé à* $T=100°$. *L'équilibre de température s'établit à* $\theta=22°$. *Quelle est la chaleur spécifique du fer ?*

Soit x cette chaleur spécifique.

En écrivant que la chaleur perdue par le fer est égale à la chaleur gagnée par le calorimètre, on obtient l'équation :

$$Px(T-\theta)=M(\theta-t);$$

d'où l'on tire : $$x=\frac{M(\theta-t)}{P(T-\theta)},$$

et, en remplaçant les lettres par leurs valeurs :

$$x=\frac{3\times3}{78}=0,115.$$

On obtient pour la chaleur spécifique du fer 0,115 calories.

288. — *Pour déterminer la chaleur spécifique du verre, on chauffe un morceau de verre à la température du plomb fondu, qui est* $T=330°$, *et on le fait tomber dans un calorimètre dont la valeur en eau est* $M=900^{gr}$. *On constate que la température du calorimètre s'élève de* $t=15°,5$ *à* $\theta=24°$. *Le poids du verre étant* $P=125^{gr}$, *quelle est sa chaleur spécifique ?*

Soit x cette chaleur spécifique.

L'équation du mélange est :

$$Px(T-\theta)=M(\theta-t).$$

On en tire : $$x=\frac{M(\theta-t)}{P(T-\theta)};$$

et, en substituant les valeurs numériques :

$$x=\frac{900\times8,5}{125\times306}=0,2.$$

La chaleur spécifique du verre est 0,2.

4. Capacité calorifique.

289. — *Dans un calorimètre contenant* $p = 100^{gr}$ *d'eau à* $t = 12°$, *on verse* $p' = 100^{gr}$ *d'eau à* $t' = 100°$. *La température d'équilibre est* $\theta = 54°,5$; *quelle est la valeur en eau du vase calorimétrique?*

Soit x cette valeur en eau.

En écrivant que la chaleur gagnée par le calorimètre est égale à la chaleur perdue par l'eau ajoutée, on obtient l'équation :

$$(x+p)(\theta - t) = p'(t' - \theta);$$

d'où l'on tire :

$$x = \frac{p'(t' - \theta)}{\theta - t} - p.$$

En remplaçant chaque lettre par sa valeur, on obtient :

$$x = 100\left(\frac{45,5}{42,5} - 1\right) = \frac{100 \times 3}{42,5} = 7^{gr},059.$$

La capacité calorifique du vase est $7^{gr},059$.

290. — *La chaleur spécifique du zinc est* $c = 0,0935$ *et sa densité* $d = 7,5$. *Quelle est la capacité calorifique de l'unité de volume?*

Soit x la capacité calorifique d'un centimètre cube de zinc. La capacité calorifique de v^{cc} peut s'écrire vx.

Mais cette masse de zinc pèse $p = vd$,

et sa capacité calorifique peut encore s'écrire :

$$pc = vdc.$$

En égalant entre elles ces deux expressions d'une même capacité calorifique, on a :

$$vx = vdc,$$

d'où :

$$x = dc.$$

Numériquement : $x = 7,5 \times 0,0935 = 0,70125.$

La capacité calorifique de l'unité de volume de zinc est 0,7 environ.

291. — *La chaleur spécifique du mercure est* $c = 0,03192$ *et sa densité* $d = 13,6$. *Quelle est la capacité calorifique de l'unité de volume?*

Soit x la capacité calorifique d'un centimètre cube de mercure.

Cette masse de mercure pèse d^{gr}.

Sa capacité calorifique peut donc s'écrire :

$$x = dc.$$

Numériquement : $x = 13,6 \times 0,03192 = 0^c,4341.$

292. — *La densité de l'éther est* $d = 0,730$ *et la capacité calorifique de l'unité de volume* $b = 0,39$. *Quelle est sa chaleur spécifique?*

Soit c la capacité calorifique de 1gr d'éther.
Un centimètre cube d'éther pèse d.
Sa capacité calorifique peut donc s'écrire : $b = dc$.

d'où : $$c = \frac{b}{d} = \frac{0,390}{0,730} = 0,529.$$

La chaleur spécifique de l'éther est 0,529.

5. Mesure d'une température au moyen du calorimètre.

293. — *Une ampoule de verre pèse* $p = 25^{gr}$ *et sa chaleur spécifique est* $c = 0,18$; *elle contient* $P = 200^{gr}$ *d'alcool. Après lui avoir fait prendre la température d'un bain à* $T = 20°$, *on l'introduit dans un calorimètre à* $t = 10°$, *dont la capacité calorifique totale est* $M = 500^{gr}$. *La température d'équilibre est* $\theta = 12°$. *D'après cela, quelle est la chaleur spécifique de l'alcool?*

Soit x la chaleur spécifique demandée.
La valeur en eau de l'ampoule remplie d'alcool est :

$$pc + Px.$$

L'équation du mélange est donc :

$$(Px + pc)(T - \theta) = M(\theta - t).$$

On en tire : $$x = \frac{M(\theta - t) - pc(T - \theta)}{P(T - \theta)},$$

et, en remplaçant les lettres par leurs valeurs :

$$x = \frac{500 \times 2 - 4,5 \times 8}{200 \times 8} = 0,6025.$$

La chaleur spécifique de l'alcool est 0,6 environ.

294. — *Pour déterminer la température d'une étuve, on y fait séjourner un morceau de cuivre, qu'on laisse* *tomber ensuite dans un calorimètre à* $t = 15^\circ$, *dont la valeur en eau est* $M = 1000^{gr}$. *On constate que la température du calorimètre s'élève à* $\theta = 20^\circ$. *Le poids du cuivre étant* $P = 315^{gr}$. *et sa chaleur spécifique* $c = 0{,}095$, *quelle est la température de l'étuve ?*

Soit x cette température.

Le cuivre s'étant refroidi de $(x - \theta)^\circ$ et le calorimètre s'étant échauffé de $(\theta - t)^\circ$, écrivons que la chaleur cédée par l'un est égale à la chaleur acquise par l'autre.

On obtient l'équation :

$$Pc(x - \theta) = M(\theta - t),$$

d'où l'on tire :

$$x = \frac{M(\theta - t)}{Pc} + \theta,$$

et, en substituant les valeurs numériques :

$$x = \frac{1000 \times 5}{313 \times 0{,}095} + 20 = 187^\circ$$

La température de l'étuve est 187°.

295. — *Un morceau d'aluminium ayant pris la température d'un mélange réfrigérant, on le fait tomber dans un calorimètre à* $t = 15^\circ$, *dont la valeur en eau est* $M = 600^{gr}$. *La température d'équilibre est* $\theta = 12^\circ$. *Le poids de l'aluminium étant* $P = 180^{gr}$, *sa chaleur spécifique* $c = 0{,}2$, *quelle était sa température initiale ?*

Soit x cette température.

En écrivant que la chaleur gagnée par le métal est égale à la chaleur perdue par le calorimètre, on obtient l'équation :

$$Pc(\theta - x) = M(t - \theta),$$

d'où l'on tire :

$$x = \theta - \frac{M(t - \theta)}{Pc},$$

et, en substituant les valeurs numériques :

$$x = 12 - \frac{600 \times 3}{36} = -38^\circ.$$

Le mélange réfrigérant avait une température de −38°.

§ II. Équivalence de la chaleur et du travail.

FORMULAIRE

Équivalence de la chaleur et du travail. — Toute quantité de chaleur équivaut à une quantité de travail, et réciproquement.

L'équivalent mécanique de la grande calorie est 425^{kgm},

ou : $$425 \times 9{,}81 = 4\,170 \text{ joules.}$$

L'équivalent calorifique (ou thermie) du kilogrammètre est :

$$\frac{1000}{425} = 2{,}35 \text{ petites calories.}$$

Celui du joule est : $$\frac{1\,000}{4\,170} = 0{,}24 \text{ petite calorie.}$$

296. — *Quelle quantité de travail faudrait-il transformer en chaleur pour chauffer de 0° à 100° une masse d'eau de 4^{kg}, l'équivalent mécanique de la calorie étant $J = 425^{kgm}$?*

La chaleur nécessaire est 400 grandes calories.
Le travail à transformer est donc :

$$425 \times 400 = 170000^{kgm}.$$

297. — *Quel travail faudrait-il transformer en chaleur dans un calorimètre ayant pour valeur en eau $M = 640^{gr}$, pour élever sa température de 0°,5 ?*

Soit $\mathfrak{T}$ ce travail et Q la chaleur équivalente

On a : $$\frac{\mathfrak{T}}{Q} = 425,$$

et : $$Q = 0{,}640 \times 0{,}5,$$

d'où : $$\mathfrak{T} = 425 \times 0{,}320 = 136^{kgm}.$$

298. — *Quel est l'équivalent mécanique de la quantité de chaleur obtenue en brûlant 12^{gr} d'hydrogène, sachant que chaque gramme d'hydrogène dégage 33 800 petites calories, et qu'une grande calorie équivaut à 425^{kgm} ?*

Cet équivalent mécanique est :

$$12 \times 33{,}8 \times 425 = 172380^{kgm}.$$

299. — *On transforme en chaleur $\mathfrak{T} = 850^{kgm}$ à l'intérieur d'un calorimètre à $t = 10°$, dont la capacité calorifique est $M = 800^{gr}$. Que deviendra la température du calorimètre? La grande calorie équivaut à $J = 425^{kgm}$?*

Soit x cette température.
La chaleur gagnée par le calorimètre est $M(x - t)$.
En écrivant qu'elle équivaut à $\mathfrak{T}^{kgm}$, on obtient l'équation :

$$M(x - t)J = \mathfrak{T},$$

d'où :

$$x = \frac{\mathfrak{T} + MJt}{MJ} = \frac{850 + 34 \times 10}{34} = 35°.$$

300. — *Une masse de $P = 255^{kg}$ tombe de $h = 150^{m}$ de hauteur et s'arrête brusquement sur le sol. A combien de calories équivaut l'énergie mécanique disparue? L'équivalent mécanique de la calorie est $J = 425^{kgm}$.*

Soit Q la quantité de chaleur équivalente au travail Ph.
On a :

$$Ph = QJ,$$

d'où :

$$Q = \frac{Ph}{J},$$

et, en remplaçant les lettres par leurs valeurs :

$$Q = \frac{255 \times 150}{425} = 90 \text{ calories.}$$

301. — *De quelle hauteur faut-il laisser tomber une masse de $P = 17^{kg}$, pour que le travail de la pesanteur, entièrement transformé en chaleur, produise une calorie?*

Soit h cette hauteur.
L'équivalent mécanique de la calorie étant 425^{kgm}, il faut que l'on ait :

$$Ph = 425,$$

d'où :

$$h = \frac{425}{P} = \frac{425}{17} = 25^{m}.$$

302. — *Sur un morceau de plomb placé sur une enclume et pesant 50^{gr}, on donne de suite 10 coups de marteau équivalant chacun au choc de 15^{kg} tombant de 1^{m} de hauteur. De combien de degrés la température du plomb s'élè-*

vera-t-elle, sachant que la chaleur spécifique de ce métal est 0,0314 *et qu'une grande calorie équivaut à* 425^{kgm}?

Le travail transformé en chaleur est égal à :

$$10 \times 15 \text{ kilogrammètres.}$$

Il équivaut à : $\frac{150}{425} \times 1000$ petites calories.

La capacité calorifique du morceau de plomb soumis à l'expérience est :

$$50 \times 0{,}0314.$$

Son élévation de température est donnée par le quotient :

$$\frac{150\,000}{425 \times 50 \times 0{,}0314} = 224^{\circ},8.$$

Le plomb s'échauffera de 224°.

303. — *Exprimer en ergs, puis en joules, l'équivalent mécanique de la petite calorie.*

On sait que 1000 petites calories valent 425^{kgm}, et que le kilogrammètre vaut 9,81 joules.

Donc la petite calorie vaut :

$$\frac{425 \times 9{,}81}{1000} = 4{,}17 \text{ joules ou } 41{,}7 \text{ mégergs.}$$

304. — *Quel est, en petites calories, l'équivalent calorifique d'un kilogrammètre?*

Une grande calorie ou 1000 petites calories valent 425^{kgm}.

Donc 1^{kgm} vaut : $\frac{1000}{425} = 2{,}35$ petites calories.

305. — *Quel est l'équivalent calorifique du joule?*

Le kilogrammètre, qui vaut 9,81 joules, équivaut à $\frac{1000}{425}$ petites calories.

Donc le joule vaut :

$$\frac{1000}{425 \times 9{,}81} = 0{,}24 \text{ petite calorie.}$$

Le joule vaut 0,24 petite calorie.

CHAPITRE IV

DILATATIONS

§ I. Dilatations des solides.

FORMULAIRE

Coefficients de dilatation. — Quand un corps solide s'échauffe à partir de 0°, on appelle :

Coefficient de dilatation :		**linéaire**	(λ),
—	—	**superficielle**	(σ),
—	—	**cubique**	(K),

l'accroissement moyen de l'unité de *longueur*, de *surface* ou de *volume* pour une élévation de température de 1°.

Relations entre les trois coefficients. — Pour un même corps solide, on a :

$$\sigma = 2\lambda, \qquad \text{et} \qquad K = 3\lambda.$$

Dilatations entre 0° et t°. — Les unités de longueur, de surface et de volume prises à 0° et chauffées à t° deviennent respectivement : $1 + \lambda t$, $1 + \sigma t$, $1 + Kt$,

ou $1 + \lambda t$, $1 + 2\lambda t$, $1 + 3\lambda t$.

La longueur l, la surface s et le volume v pris à 0° et chauffés à t° deviennent respectivement :

$$L = l(1 + \lambda t), \qquad S = s(1 + \sigma t), \qquad V = v(1 + Kt).$$

Dilatations entre t° et t'°. — Les mêmes quantités chauffées à t'° deviennent :

$$L' = l(1 + \lambda t'), \qquad S' = s(1 + \sigma t'), \qquad V' = v(1 + Kt').$$

En divisant ces dernières formules par les précédentes, on obtient :

$$L' = L \cdot \frac{1 + \lambda t'}{1 + \lambda t}, \qquad S' = S \cdot \frac{1 + \sigma t'}{1 + \sigma t}, \qquad V' = V \cdot \frac{1 + Kt'}{1 + Kt};$$

ou, avec une approximation suffisante :

$$L' = L\{1 + \lambda(t' - t)\}, \quad S' = S\{1 + \sigma(t' - t)\}, \quad V' = V\{1 + K(t' - t)\}.$$

Densité d'un corps à t^o. — *La densité d'un corps à t^o est inversement proportionnelle au binôme de dilatation cubique de ce corps.*

C'est-à-dire que ces deux variables ont un produit constant.

Si la densité du corps est d à 0°, D à t^o, D' à t'^o, on a :

$$d = D(1 + Kt) = D'(1 + Kt');$$

d'où :

$$D = \frac{d}{1 + Kt}, \quad \text{et} \quad D' = D \cdot \frac{1 + Kt}{1 + Kt'};$$

ou approximativement :

$$D = d(1 - Kt), \quad \text{et} \quad D' = D\{1 - K(t' - t)\}.$$

1. Dilatations linéaires.

306. — *Un fil télégraphique en cuivre possède à 0° une longueur de* $l = 500^{km}$. *Quelle longueur prend-il à* $t^o = 20^o$, *le coefficient de dilatation linéaire du cuivre étant* $\lambda = 0{,}00001885$?

La longueur à t^o est donnée par la formule :

$$L = l(1 + \lambda t).$$

En remplaçant les lettres par leurs valeurs, on obtient :

$$L = 500 \times 1{,}000377;$$
$$= 501^{km},885.$$

307. — *Une règle d'acier et une règle de zinc ont, à 0°, une même longueur* $l = 2^m$. *Quelle sera la différence de leurs longueurs à* $t = 30^o$? *Le coefficient de dilatation linéaire de l'acier est* $\lambda = 0{,}000011$, *et celui du zinc* $\lambda' = 0{,}000034$.

A t^o, ces règles ont pour longueurs respectives :

$$L = l(1 + \lambda t),$$

et

$$L' = l(1 + \lambda' t).$$

Leur différence est donc :

$$L' - L = lt(\lambda' - \lambda);$$

ou, en remplaçant les lettres par leurs valeurs :

$$L' - L = 60 \times 0{,}000023,$$
$$= 0^m,00138.$$

A 30°, les règles présentent une différence de $1^{mm},38$.

308. — *Un fil de laiton mesure à* $t=50°$ *une longueur* $L=1902^m$. *Quelle est sa longueur à 0°, sachant que le coefficient de dilatation linéaire du laiton est* $\lambda=0{,}000022$?

Soit l la longueur à 0°. On a :

$$L=l(1+\lambda t);$$

d'où :

$$l=\frac{L}{1+\lambda t}.$$

Numériquement :

$$l=\frac{1902}{1{,}0011}=1899{,}9 \quad \text{soit} \quad 1900^m.$$

309. — *Un fil d'argent possède une longueur* $l=25^m$ *à* $t=20°$. *Quelle sera sa longueur à* $t'=200°$, *son coefficient de dilatation linéaire étant* $\lambda=0{,}00002$?

Soit x cette longueur.

On aura : $$x=l\{1+\lambda(t'-t)\},$$

ou, numériquement :

$$x=25\times 1{,}0036=25^m{,}09.$$

2. Dilatation superficielle.

310. — *Une feuille de plomb mesure* $s=5^{mq}$ *à* 0°. *Quelle est sa surface à* $t=20°$, *sachant que le coefficient de dilatation linéaire du plomb est* $\lambda=0{,}0000285$?

La surface à $t°$ est donnée par la formule :

$$S=s(1+2\lambda t).$$

En remplaçant les lettres par leurs valeurs, on obtient :

$$S=5\times 1{,}00114,$$
$$=5^{mq}{,}0057.$$

La surface augmente de 57^{cq} et devient $5^{mq}{,}0057$.

311. — *Une toiture en zinc est constituée par des feuilles mesurant à 0° une surface totale de* $s=600^{mq}$. *Que devient cette surface à* $t=30°$, *sachant que le coefficient de dilatation linéaire du zinc est* $\lambda=0{,}0000295$?

La surface à t^{o} est donnée par la formule :

$$S = s(1 + 2\lambda t).$$

En remplaçant les lettres par leurs valeurs, on obtient :

$$S = 600 \times 1{,}00177,$$
$$= 601^{mq}{,}062.$$

3. Dilatation cubique.

312. — *Une grande cuve en tôle de fer mesure exactement* $v = 1200^{l}$ *à* 0°. *Elle contient de l'eau que l'on porte à l'ébullition. Que devient le volume de cette cuve à la température* $t = 100^{o}$, *le coefficient de dilatation linéaire du fer étant* $\lambda = 0{,}000012205$?

Le volume à t^{o} est donné par la formule :

$$V = v(1 + 3\lambda t).$$

En remplaçant les lettres par leurs valeurs, on obtient :

$$V = 1200 \times 1{,}0036615,$$
$$= 1204{,}3938.$$

Soit : $V = 1204^{l}{,}4.$

313. — *Un ballon de verre mesure* $v = 12^{l}$ *à* 0°. *Quel est son volume à* $t = 25^{o}$, *le coefficient de dilatation cubique du verre étant* $K = 0{,}0000258$?

Appliquons la formule :

$$V = v(1 + Kt).$$

Il vient : $V = 12 \times 1{,}000645,$

$$= 12{,}00774.$$

Quand le ballon passe de 0° à 25°, son volume s'accroît de $7^{cc}{,}74$ et devient $12^{l}{,}00774$.

314. — *Un récipient en zinc mesure* $V = 10^{l}$ *à* $t = 15^{o}$. *Quel est son volume à* 0°, *le coefficient de dilatation linéaire du zinc étant* $\lambda = 0{,}0000295$?

Soit v ce volume à 0°.

On a : $$V = v(1 + 3\lambda t);$$

d'où : $$v = \frac{V}{1 + 3\lambda t};$$

et, en remplaçant les lettres par leurs valeurs :

$$v = \frac{10}{1,0013275} = 9,9865.$$

315. — *Un bloc de caoutchouc durci occupait à la température* $t = 40^\circ$ *un volume* $V = 904^{cc}$. *Quel est son volume à* 0°, *sachant que le coefficient de dilatation cubique de cette substance est* $K = 0,00024$?

Soit v le volume à 0°.

On a : $$V = v(1 + Kt);$$

d'où : $$v = \frac{V}{1 + Kt};$$

ou, en substituant les valeurs numériques :

$$v = \frac{904}{1,0096} = 895^{cc},4.$$

316. — *L'arête d'un cube de paraffine a une longueur* $a = 10^{cm}$ *à* $t = 14^\circ$. *Quel sera son volume à* $t' = 40^\circ$, *le coefficient de dilatation linéaire de la paraffine étant* $\lambda = 0,00027854$?

Le volume à t° est a^3, le volume à t'° a pour expression :

$$V = a^3\{1 + 3\lambda(t' - t)\}.$$

Numériquement : $$V = 1000(1,021726),$$
$$= 1021^{cc},726.$$

317. — *Quel est le coefficient de dilatation cubique du soufre, sachant qu'entre* 0° *et* 100°, 36^{cc} *de soufre se dilatent de* 729^{mmc} ?

Ce coefficient K est la dilatation d'un centimètre cube pour une élévation de température de 1°.

On a donc : $$K = \frac{0,729}{36 \times 100} = 0,0002025.$$

318. — *Quel est le coefficient de dilatation linéaire de* *la glace, sachant que 8^{cc} de glace pris à (—27°) et réchauffés jusqu'à (—2°) augmentent de 31mmc?*

Soit x le coefficient de dilatation linéaire; le coefficient de dilatation cubique sera $3x$.

Or, ce dernier est l'accroissement que subit un centimètre cube, pour une élévation de température de 1°.

On a donc : $$3x = \frac{0,031}{8 \times 25};$$

d'où : $$x = \frac{0,031}{600} = 0,0000516.$$

Applications.

319. — *Une règle en laiton et une règle en aluminium ont à 0° la même longueur* l = 2m. *A* t = 100°, *la seconde surpasse la première de* a = 1mm. *Le coefficient de dilatation linéaire du laiton étant* λ = 0,000018, *quel est celui de l'aluminium?*

Soit x le coefficient demandé.

A t°, les deux règles ont pour longueur :

$$l(1 + \lambda t), \quad \text{et} \quad l(1 + xt).$$

Leur différence est donc :

$$lt(x - \lambda) = a.$$

Cette équation donne :

$$x = \lambda + \frac{a}{lt};$$

et, en remplaçant les lettres par leurs valeurs :

$$x = 0,000018 + \frac{1}{2000 \times 100},$$
$$= 0,000018 + 0,000005,$$
$$= 0,000023.$$

320. — *Une règle de cuivre a* 1m *de longueur à* 0°, *et* 9mm *de plus dans un four dont on demande la température, sachant que le coefficient de dilatation linéaire du cuivre est* λ = 0,000018.

Soit t cette température.

On a : $$1 + \lambda t = 1,009;$$

d'où : $$t = \frac{0,009}{\lambda} = \frac{0,009}{0,000018} = 500^\circ.$$

321. — *La densité du zinc est de* d = 7,2 *à* 0°. *Que deviendra-t-elle à* t = 100°, *le coefficient de dilatation linéaire du zinc étant* λ = 0,000034 ?

La densité à t° est inversement proportionnelle au binôme de dilatation cubique.

On a : $$D = \frac{d}{1 + 3\lambda t}.$$

En remplaçant les lettres par leurs valeurs, on obtient :

$$D = \frac{7,2}{1,0102};$$

et, en effectuant la division :

$$D = 7,127.$$

322. — *Quelle est la densité de l'aluminium à sa température de solidification* t = 600°, *sachant que sa densité à* 0° *est* d = 2,60, *et son coefficient de dilatation cubique* K = 0,00007 ?

La densité D à t° est donnée par la formule :

$$D = \frac{d}{1 + Kt}.$$

En remplaçant les lettres par leurs valeurs, on obtient :

$$D = \frac{2,6}{1,042} = 2,495.$$

323. — *La densité du sel gemme est* d = 2,26 *à* 0°, *et* D = 2,238 *à* t = 80°. *Quel est, dans cet intervalle, le coefficient de dilatation linéaire de cette substance ?*

Soit λ ce coefficient.

On a : $$D = \frac{d}{1 + 3\lambda t};$$

d'où : $$\lambda = \frac{d - D}{3Dt}.$$

En remplaçant les lettres par leurs valeurs, on obtient :

$$\lambda = \frac{0,022}{240 \times 2,238} = 0,000040.$$

324. — *A 0°, la densité de l'aluminium est* $d = 2{,}75$, *à quelle température est-elle* $d' = 2{,}70$; *le coefficient de dilatation linéaire de l'aluminium étant* $\lambda = 0{,}00003$?

Soit t cette température.

On a :
$$d' = \frac{d}{1 + 3\lambda t};$$

d'où :
$$t = \frac{d - d'}{3\lambda d'}.$$

Numériquement :
$$t = \frac{0{,}05}{2{,}70 \times 0{,}00009} = 205°{,}7.$$

325. — *Un échantillon de houille de Charleroi pèse* $P = 329^{gr}$ *et déplace* $V = 250^{cc}$ *d'eau à 25°. Quelle est sa densité à 0°, sachant que son coefficient de dilatation linéaire est* $\lambda = 0{,}000028$?

Soient d la densité à 0° et D la densité à $t = 25°$.

On a :
$$D = \frac{d}{1 + 3\lambda t} = \frac{P}{V} = \frac{329}{250},$$

d'où :
$$d = \frac{329 \times 1{,}0021}{250} = 1{,}319.$$

§ II. Dilatation des liquides.

FORMULAIRE

Dilatation absolue. — Dilatation apparente. — Quand on chauffe un liquide dans une enveloppe dilatable, on n'observe qu'une dilatation *apparente*. Pour en déduire la dilatation *absolue*, on peut écrire qu'à la température t le volume du contenant est égal au volume du contenu. Mais il est beaucoup plus simple d'appliquer le principe suivant, qui donne le même résultat avec une approximation suffisante :

Le coefficient de dilatation absolue Δ *est sensiblement égal au coefficient de dilatation apparente* δ, *plus le coefficient de dilatation de l'enveloppe*, K.

On a :
$$\Delta = \delta + K.$$

Dilatation du mercure. — Entre 0° et 100°, le coefficient de dilatation *absolue* du mercure est :
$$\frac{1}{5500} = 0{,}00018018.$$

Dans une enveloppe de verre, son coefficient de dilatation *apparente* est :

$$\frac{1}{6480} = 0{,}00015432.$$

326. — *On mesure* $V = 100^l$ *de pétrole à* 0°. *Que deviendra le volume de ce liquide à* $t = 125^o$, *sachant que son coefficient de dilatation est* $\Delta = 0{,}00104$?

Le volume du liquide à t^o est donné par la formule :

$$V = v(1 + \Delta t).$$

En substituant les valeurs numériques, on obtient :

$$V = 100 \times 1{,}13 = 113^l.$$

327. — *Quel est à* 0° *le volume du sulfure de carbone qui occuperait* $V = 267^l$ *à sa température d'ébullition* $t = 46^o$, *le coefficient de dilatation de ce liquide étant* $\Delta = 0{,}00147$?

Soit v ce volume à 0°.

On a : $$V = v(1 + \Delta t);$$

d'où : $$v = \frac{V}{1 + \Delta t};$$

et en substituant les valeurs numériques :

$$v = \frac{267}{1{,}06762} = 250^l.$$

328. — *Une éprouvette graduée mesure* $V = 1^l$. *On la remplit d'alcool à la température* $t = 60^o$. *Quel sera le volume de ce liquide à* 0°, *sachant qu'entre* 0° *et* 60°, *le coefficient moyen de dilatation de l'alcool est* $\Delta = 0{,}00116$?

Soit v le volume du liquide à 0°.

On a : $$V = v(1 + \Delta t);$$

d'où : $$v = \frac{V}{1 + \Delta t}.$$

En substituant les valeurs numériques, on obtient :

$$v = \frac{1\,000}{1{,}0696} = 934^{cc},9.$$

329. — *Un litre de pétrole mesuré à* $t = 25^o$ *pèse*

$P = 825^{gr},2$. *Quelle est la densité de ce liquide à 0°, son coefficient de dilatation étant* $\Delta = 0,00104$?

Les densités d, D à 0° et à $t°$ sont inversement proportionnelles aux binômes de dilatation.

On a :

$$D = \frac{d}{1 + \Delta t};$$

d'où :

$$d = D(1 + \Delta t).$$

Numériquement : $d = 0,8252 \times 1,026 = 0,8466$.

330. — *On a trouvé que 10^l d'alcool, mesurés à 0° et chauffés successivement à 10, 20, 30, 40°, se dilatent respectivement de :*

$$105^{cc}, \quad 213^{cc}, \quad 324^{cc}, \quad 440^{cc}.$$

Calculer d'après cela le coefficient moyen de dilatation de l'alcool entre 0° et chacune des températures considérées.

Si l'on représente par v le volume à 0°, par V le volume à $t°$, le coefficient de dilatation entre 0° et $t°$ sera le quotient,

$$\Delta = \frac{V - v}{vt}.$$

En appliquant cette formule, on obtient :

de 0° à 10° $\quad \frac{105}{10000 \times 10} = 0,000105;$

de 0° à 20° $\quad \frac{213}{10000 \times 20} = 0,0001065;$

de 0° à 30° $\quad \frac{324}{10000 \times 30} = 0,000108;$

de 0° à 40° $\quad \frac{440}{10000 \times 40} = 0,000110.$

331. — *Dans une éprouvette graduée, une dissolution de chlorure de sodium qui mesurait exactement un litre à 0°, occupe 1104^{cc} à 100°. On demande le coefficient de dilatation apparente de cette dissolution, et son coefficient de dilatation absolue, sachant que le coefficient de dilatation cubique du verre est* $K = 0,000028$.

Soient Δ le coefficient de dilatation absolue et δ le coefficient de dilatation apparente.

On a :
$$\delta = \frac{1104 - 1000}{1000 \times 100} = 0,00104,$$

et :
$$\Delta = \delta + K = 0,001068.$$

332. — *Une éprouvette graduée mesure* $v = 1^l$ *à* $0°$. *On la remplit exactement d'eau à* $t = 100°$. *Quel est le poids de cette eau, sachant que le coefficient de dilatation cubique du verre est* $K = 0,000024$ *et que la densité de l'eau à* $100°$ *est* $D = 0,95865$?

Le volume de l'éprouvette à $t°$ est :
$$V = v(1 + Kt).$$

Le poids de l'eau contenue est donc :
$$p = VD = vD(1 + Kt).$$

En remplaçant les lettres par leurs valeurs, on obtient :
$$p = 0,95865 \times 1,0024 = 0,9609.$$

Soit :
$$p = 961^{gr}.$$

333. — *On a mesuré dans une éprouvette graduée* $V = 500^{cc}$ *de mercure à la température de* $t = 50°$. *Quel est le poids de ce liquide? La densité du mercure à* $0°$ *est* $d = 13,6$. *Le coefficient de dilatation du mercure est* $m = \frac{1}{5550}$ *et celui du verre* $K = \frac{1}{38700}$.

L'enveloppe s'étant dilatée, le vrai volume du mercure à $t°$ est :
$$V(1 + Kt),$$

et son volume à $0°$:
$$\frac{V(1 + Kt)}{1 + mt}.$$

Son poids est donc :
$$p = \frac{Vd(1 + Kt)}{1 + mt}.$$

En remplaçant les lettres par leurs valeurs, on obtient :
$$p = \frac{500 \times 13,6\left(1 + \frac{1}{774}\right)}{1 + \frac{1}{111}} = \frac{500 \times 13,6 \times 775 \times 111}{112 \times 774} = 6747^{gr}.$$

Ce mercure pèse $6^{kg},747$.

334. — *Quel est, dans un thermomètre à mercure, le rapport qui existe entre le volume v d'une division de la tige et le volume V du réservoir jusqu'au zéro?*

Le coefficient de dilatation absolue du mercure est m=0,00018018, *et le coefficient de dilatation cubique du verre* K=0,0000258.

A 0°, le mercure occupe le volume V, et à 1°, son volume apparent est:

$$(V+v).$$

Si l'on désigne par m' le coefficient de dilatation apparente du mercure dans le verre, on a donc:

$$V+v=V(1+m');$$

d'où

$$v=Vm',$$

et:

$$\frac{v}{V}=m'.$$

Ainsi le rapport demandé est égal au coefficient de dilatation apparente du mercure dans le verre.

Or on sait que celui-ci est égal au coefficient de dilatation absolue du mercure moins le coefficient de dilatation de l'enveloppe.

Donc:

$$\frac{v}{V}=m'=m-K.$$

Numériquement on trouve:

$$\frac{v}{V}=0,0001543=\frac{1}{6480}.$$

Ainsi, le réservoir d'un thermomètre à mercure est 6480 fois plus grand que le volume d'une division de la tige.

335. — *On remplace le mercure d'un thermomètre par un liquide qui s'arrête au point* 0° *dans la glace fondante. Pour faire monter ce liquide jusqu'au point* 100°, *il suffit de le chauffer à la température de* 15°. *Quel est son coefficient de dilatation, celui du mercure étant* m=0,00018 ?

Soient x le coefficient demandé et V le volume occupé à 0° par le liquide ou par le mercure du thermomètre.

En écrivant que le volume du liquide à 15° est égal au volume du mercure à 100°, on obtient l'équation:

$$V(1+15x)=V(1+100m);$$

d'où l'on tire:

$$x=\frac{100m}{15},$$

et, en remplaçant m par sa valeur,

$$x = \frac{0,018}{15} = 0,0012.$$

336. — *On remplace le mercure d'un thermomètre par un autre liquide. On constate que ce liquide marque — 30° dans la glace fondante et 99° à la température de 40°. Quel est le coefficient de dilatation de ce liquide, sachant que le réservoir du thermomètre équivaut à 6480 divisions de la tige, et que le coefficient de dilatation cubique du verre est* $K = 0,000026$?

Soient x le coefficient de dilatation absolue du liquide et a son coefficient de dilatation apparente dans le verre.

On aura : $$x = a + K.$$

Désignons par v le volume d'une division de la tige. Le volume du liquide est :

à 0° $(6480 - 30)v$,

à 40° $(6480 + 99)v$.

Donc, pour 40°, le volume $6450v$ éprouve une dilatation apparente de $129v$.

On a donc : $$a = \frac{129}{6450 \times 40} = 0,0005,$$

et enfin : $$x = 0,000526.$$

§ III. Dilatation des gaz

FORMULAIRE

Coefficient de dilatation des gaz. — Tous les gaz suffisamment éloignés de leur point de liquéfaction admettent un coefficient de dilatation *constant*, α, qui est sensiblement le même pour tous les gaz.

On a : $$\alpha = \frac{1}{273} = 0,00367.$$

Formule de Gay-Lussac ou équation des gaz parfaits. — Si une masse gazeuse, qui occupait un volume V sous la pression H et à la température t, passe aux conditions V′, H′, t, on a :

$$\frac{VH}{1 + \alpha t} = \frac{V'H'}{1 + \alpha t'} = C^{te}.$$

Cette équation entre six variables permet de calculer l'une quelconque d'entre elles, connaissant les cinq autres.

Volume normal d'une masse gazeuse. — Soient V, H, t les conditions d'une masse gazeuse et v son volume à 0° sous la pression normale de 76cm de mercure.

On a : $\frac{v.76}{1} = \frac{VH}{1+\alpha t}$; d'où : $v = \frac{VH}{76(1+\alpha t)}$.

Poids d'une masse d'air. — Soient V, H, t les conditions d'une masse d'air sec, et a le poids normal de l'unité de volume d'air.

Le volume normal de cette masse d'air est :

$$v = \frac{VH}{76(1+\alpha t)}.$$

Son poids est donc :

$$p = va = \frac{VHa}{76(1+\alpha t)}.$$

Formule du poids d'un gaz. — Soient V, H, t les conditions d'une masse gazeuse de densité d.

Si l'on désigne par p le poids de cette masse, et par p' le poids d'une masse d'air prise aux mêmes conditions, on a :

$$d = \frac{p}{p'}; \quad \text{d'où : } p = p'd;$$

et, en tenant compte de la formule précédente :

$$p = \frac{VHad}{76(1+\alpha t)}.$$

Tel est le poids d'une masse gazeuse quelconque.

337. — *Une masse d'air occupe un volume* v = 25l *à 0° sous la pression de 76cm. Quel volume occuperait-elle à* t = 440° *sous la pression* H = 146cm ?

Soit V ce volume. En appliquant la formule des gaz parfaits, on obtient l'équation : $\frac{VH}{(1+\alpha t)} = v.76$;

d'où l'on tire : $V = \frac{v.76(1+\alpha t)}{H}$,

et, en substituant les valeurs numériques :

$$V = \frac{25 \times 76 \times 2,6148}{146} = 30^{l},07.$$

338. — *Un ballon contient de l'air isolé de l'atmo-*

sphère par un index de mercure, qui peut se déplacer dans un tube horizontal. A 0° la masse d'air confiné occupe $v=367^{cc}$. *Quel volume occupera-t-elle à 100°, sous la même pression atmosphérique, le coefficient de dilatation des gaz étant* $\alpha=0{,}00367$?

Soit V ce volume sous la pression constante H.
La formule des gaz parfaits donne :

$$vH=\frac{VH}{1+\alpha t};$$

d'où :

$$V=v(1+\alpha t).$$

Numériquement : $V=367\times1{,}367=501^{cc},7.$

339. — *Quel est le volume normal d'un gaz qui occupe* $V=99^{cc}$ *à* $t=24°$ *sous la pression* $H=71^{cm}$, *le coefficient de dilatation des gaz étant* $\alpha=0{,}00367$?

Soit v ce volume normal. La formule des gaz parfaits donne :

$$\frac{VH}{1+\alpha t}=v.76;$$

d'où :

$$v=\frac{VH}{76(1+\alpha t)},$$

et, en substituant les valeurs numériques :

$$v=\frac{99\times71}{76\times1{,}08808}=85^{cc}.$$

340. — *Quel est le volume normal d'une masse d'air qui occupe* $V=1^{mc}$, *à la température* $t=100°$, *sous la pression* $H=70^{cm}$? *Le coefficient de dilatation de l'air est* $\alpha=\frac{1}{273}$.

Le volume normal d'une masse gazeuse est le volume qu'elle occuperait à 0° sous la pression de 76^{cm}.
Pour l'obtenir, il suffit d'appliquer la formule de Gay-Lussac :

$$\frac{VH}{1+\alpha t}=v\times76,$$

qui donne :

$$v=\frac{VH}{76(1+\alpha t)}.$$

En remplaçant chaque lettre par sa valeur, on trouve :

$$V = \frac{70}{76\left(1+\frac{100}{273}\right)} = \frac{70\times 273}{76\times 373} = 0^{mc},6741.$$

Le volume normal de cette masse d'air est 674^{dc}.

341. — *On a chauffé une masse gazeuse à la température* $t = 817^o,5$. *Dans quel rapport son volume normal a-t-il augmenté, sachant que sa pression a été doublée? Le coefficient de dilatation des gaz est* $\alpha = 0,00367$.

Soit K le rapport demandé.

La masse gazeuse ayant passé des conditions :

	V,	76,	0°
aux conditions	KV,	2×76,	t^o,

la formule des gaz parfaits donne :

$$V.76 = \frac{KV.2.76}{1+\alpha t},$$

d'où :

$$K = \frac{1+\alpha t}{2} = \frac{1+3}{2} = 2.$$

Ainsi, le volume a été doublé.

342. — *Une masse gazeuse occupe un volume* $V = 5^l,367$ *à* $t = 20^o$, *sous la pression* $H = 76^{cm}$. *Quelle pression acquerra-t-elle à* $t' = 100^o$, *sous un volume* $V' = 2^l,734$? *Le coefficient de dilatation des gaz est* $\alpha = 0,00367$.

La formule des gaz parfaits :

$$\frac{VH}{1+\alpha t} = \frac{V'H'}{1+\alpha t'},$$

donne :

$$H' = \frac{VH(1+\alpha t')}{V'(1+\alpha t)};$$

et, en remplaçant les lettres par leurs valeurs :

$$H' = \frac{5,367\times 76\times 1,367}{2,734\times 1,0734} = 190^{cm}.$$

343. — *On refoule* $V = 500^l$ *d'air, mesurés à la température* $t = 10^o$ *et sous la pression atmosphérique* $H = 72^{cm}$, *dans un récipient de volume* $V' = 40^l$, *maintenu à la température* $t' = 100^o$. *Quelle sera la pression* *de cet air comprimé, le coefficient de dilatation des gaz étant* $\alpha = 0{,}00367$?

Soit H′ cette pression. Elle est donnée par l'équation des gaz parfaits :

$$\frac{VH}{1+\alpha t} = \frac{V'H'}{1+\alpha t'};$$

d'où l'on tire :

$$H' = \frac{VH(1+\alpha t')}{V'(1+\alpha t)},$$

et, en substituant les valeurs numériques :

$$H' = \frac{500 \times 72 \times 1{,}367}{40 \times 1{,}0367} = 1\,186^{cm}.$$

344. — *Une masse gazeuse est emprisonnée dans un récipient dont le volume est sensiblement invariable. A 0° sa pression est de* 76^{cm} ; *que devient cette pression aux températures* $t = 91°$, $t' = 182°$, $t'' = 273°$? *Le coefficient de dilatation des gaz est* $\alpha = \frac{1}{273}$.

Appliquons la formule des gaz parfaits :

$$\frac{VH}{1+\alpha t} = v \cdot 76.$$

En remarquant que l'on a $V = v$, et en supprimant ce facteur commun, on obtient : $H = 76(1+\alpha t)$.

Cette formule donne :

$$\text{pour } t = 91° \qquad H = 76\left(1 + \frac{1}{3}\right) = 101^{cm},3,$$

$$\text{pour } t = 182° \qquad H' = 76\left(1 + \frac{2}{3}\right) = 126^{cm},6,$$

$$\text{pour } t = 273° \qquad H'' = 76\,(1+1) = 152^{cm}.$$

345. — *Une masse gazeuse occupe à 0° un volume* $V = 800^{cc}$, *sous la pression* $H = 75^{cm}$. *A quelle température faut-il la porter pour que, sous un volume* $V' = 526^{cm}$, *elle ait une pression* $H' = 135^{cm}$? *Le coefficient de dilatation des gaz est* $\alpha = 0{,}00367$.

La formule des gaz parfaits donne :

$$VH = \frac{V'H'}{1+\alpha t};$$

d'où :

$$1 + \alpha t = \frac{V'H'}{VH},$$

et :
$$t = \frac{V'H' - VH}{VH\alpha}.$$

Numériquement : $t = \frac{71010 - 60000}{60000 \times 0,00367} = \frac{11010}{220,2} = 50^\circ$

346. — *A quelle température faut-il porter une masse gazeuse, confinée dans un volume sensiblement invariable, pour que sa pression, qui est* $H = 76^{cm}$ *à* 0°, *devienne* $H' = 146^{cm}$? *Le coefficient de dilatation des gaz est* $\alpha = 0,00367$.

Soit t cette température. La masse gazeuse ayant un volume constant V, la formule des gaz parfaits donne :
$$VH = \frac{VH'}{1 + \alpha t};$$

d'où :
$$1 + \alpha t = \frac{H'}{H},$$

et :
$$t = \frac{H' - H}{H\alpha}.$$

Numériquement : $t = \frac{70}{76 \times 0,00367} = 250^\circ,9$. Soit : 251°.

347. — *A quelle température faut-il chauffer, sous la pression atmosphérique, une masse gazeuse à* 0° *pour augmenter son volume de un tiers? Le coefficient de dilatation des gaz est* $\alpha = \frac{1}{273}$.

Soient V le volume initial de cette masse gazeuse, H la pression atmosphérique et t la température demandée.

Le volume devient :
$$V + \frac{V}{3} = V\left(1 + \frac{1}{3}\right).$$

On a donc, d'après la formule des gaz parfaits :
$$VH = \frac{V\left(1 + \frac{1}{3}\right)H}{1 + \alpha t};$$

d'où :
$$1 + \alpha t = 1 + \frac{1}{3},$$

et :
$$t = \frac{1}{3\alpha} = \frac{273}{3} = 91^\circ.$$

348. — *Une masse d'air qui occupait un volume* $v = 20^l$ *aux conditions normales, est chauffée dans un* *récipient, dont le volume $V = 11^l$ est sensiblement invariable. A quelle température faut-il la porter, pour que sa pression soit égale à $H = 4 \times 76^{cm}$ ou 4 atmosphères? Coefficient de dilatation des gaz $\alpha = 0,00367$.*

Soit t cette température inconnue.
La formule des gaz parfaits donne l'équation :

$$\frac{VH}{1+\alpha t} = v.76;$$

d'où l'on tire : $$1 + \alpha t = \frac{VH}{v.76},$$

et, en remplaçant les lettres par leurs valeurs :

$$1 + \alpha t = \frac{11 \times 4}{20} = 2,2;$$

d'où enfin : $$t = \frac{1,2}{\alpha} = \frac{1,2}{0,00367} = 326^\circ,97. \text{ Soit : } 327^\circ.$$

349. — *A quelle température faut-il chauffer une masse d'air, pour que son volume normal augmente de un tiers sous une pression augmentée de moitié? Le coefficient de dilatation des gaz est $\alpha = 0,00367$.*

Soient V le volume à 0° sous la pression 76^{cm}, et t la température demandée, pour laquelle, sous un volume $\frac{4V}{3}$, la masse gazeuse aura la pression $\frac{3 \times 76}{2}$.

La formule des gaz parfaits donne :

$$V.76 = \frac{\frac{4V}{3} \times \frac{3}{2}.76}{1+\alpha t};$$

d'où : $$1 + \alpha t = 2,$$

et : $$t = \frac{1}{\alpha} = \frac{1}{0,00367} = 272^\circ,5.$$

350. — *Une enveloppe métallique de volume sensiblement invariable, en communication avec un manomètre, est remplie d'air à 0° sous la pression atmosphérique. On l'introduit dans un four dont on se propose de mesurer la température. Quelle sera cette température, lorsque le manomètre accusera une pression de 2, 3, 4, 5 atmosphères? Le coefficient de dilatation de l'air est $\alpha = \frac{1}{273}$.*

Soient t la température qui correspond à n atmosphères, et V le volume du récipient.

La formule des gaz parfaits donne :

$$V.76 = \frac{V.n.76}{1+\alpha t};$$

d'où :

$$1+\alpha t = n,$$

et :

$$t = \frac{n-1}{\alpha} = 273\,(n-1).$$

En remplaçant n successivement par 2, 3, 4, 5, on obtient les températures 273°, 546°, 819°, 1092°.

351. — *Un thermomètre à gaz est constitué par une enveloppe métallique de volume sensiblement invariable en communication avec un manomètre. Celui-ci est gradué en kilogrammes, et la pression du gaz a été réglée de manière qu'à 0° sa valeur devienne précisément égale à 1kg. Le coefficient de dilatation du gaz étant $\alpha = 0{,}00367$, on demande de calculer en grammes les pressions par lesquelles ce thermomètre indiquera les températures 100°, 200°, 300°, etc.*

Évaluons toutes les pressions en grammes. Soit p^{gr} la pression répondant à n centaines de degrés. Si l'on désigne par V le volume de la masse gazeuse, l'équation des gaz parfaits donne :

$$V.1000 = \frac{V.p}{1+0{,}367 \times n};$$

d'où :

$$p = 1000\,(1+0{,}367n)$$

ou :

$$p = 1000 + 367n.$$

En remplaçant n successivement par 1, 2, 3, 4,... on obtient les pressions demandées :

1367gr, 1734gr, 2101gr, 2468gr, 2835gr,
3202gr, 3569gr, 3936gr, 4303gr, 4670gr, etc.

Poids d'un gaz.

352. — *Connaissant le poids normal du litre d'air $a = 1{,}293$ et le coefficient de dilatation des gaz $\alpha = 0{,}00367$, calculer le poids de $V = 50^l$ d'air à $t = 25°$ sous la pression $H = 77^{cm}$.*

Ce poids p est donné par la formule :

$$p = \frac{VHa}{76(1+\alpha t)}.$$

En substituant les valeurs numériques, on obtient :

$$p = \frac{50 \times 77 \times 1,293}{76 \times 1,09175} = 60^{gr}.$$

353. — *Quel est le poids de l'air déplacé, à la température* $t = 20°$ *sous la pression atmosphérique* $H = 80^{cm}$, *par un aérostat qui mesure* $V = 1250^{mc}$? *Le poids normal du mètre cube d'air est* $a = 1293^{gr}$, *et le coefficient de dilatation des gaz* $\alpha = 0,00367$.

La formule du poids de l'air est :

$$p = \frac{VHa}{76(1+\alpha t)},$$

En remplaçant les lettres par leurs valeurs, on obtient :

$$p = \frac{1250 \times 80 \times 1293}{76 \times 1,0734} = 1585000^{gr}.$$

L'aérostat déplace 1585^{kg} d'air.

354. — *Un ballon de volume* $V = 10^{l}$ *à* $t = 30°$ *contient* $p = 15^{gr}$ *d'air. Quelle est la pression intérieure, sachant que le poids normal du litre d'air est* $a = 1^{gr},293$ *et que le coefficient de dilatation des gaz est* $\alpha = 0,00367$?

Soit H cette pression.

La formule d'une masse d'air :

$$p = \frac{VHa}{76(1+\alpha t)},$$

donne :

$$H = \frac{76p(1+\alpha t)}{Va},$$

et, en remplaçant les lettres par leurs valeurs :

$$H = \frac{76 \times 15 \times 1,11}{12,93} = 97^{cm},86.$$

355. — *Un ballon de verre dont le volume* $V = 12^{l}$ *peut être considéré comme invariable, contient* $p = 14^{gr},18$ *d'air. A quelle température faut-il le porter pour que la pression intérieure soit* $H = 95^{cm}$? *Le poids normal du* *litre d'air est* $a = 1^{gr},293$ *et le coefficient de dilatation des gaz* $\alpha = 0,00367$.

Soit t cette température.
La formule du poids d'un gaz donne :

$$p = \frac{VHa}{76(1+\alpha t)};$$

d'où :
$$1 + \alpha t = \frac{VHa}{76p}.$$

Numériquement : $1 + \alpha t = \frac{12 \times 95 \times 1,293}{76 \times 14^{gr},18} = 1,368.$

d'où :
$$t = \frac{0,368}{\alpha} = 100°.$$

Il faut chauffer le ballon à 100°.

356. — *A quelle température faut-il chauffer un ballon de verre non fermé, pour en chasser la moitié de la masse d'air qu'il contient à 0° ? Le coefficient de dilatation des gaz est* $\alpha = \frac{1}{273}$.

Soient t cette température, V le volume du ballon, H la pression atmosphérique et a le poids du litre d'air.
Le poids de l'air contenu dans le ballon est :

$$\text{à } 0° \qquad \frac{VHa}{76},$$

$$\text{à } t° \qquad \frac{VHa}{76(1+\alpha t)}.$$

Il faut donc que l'on ait :

$$\frac{VHa}{76} = \frac{2VHa}{76(1+\alpha t)};$$

d'où :
$$1 \times \alpha t = 2,$$

et :
$$t = \frac{1}{\alpha} = 273°.$$

357. — *A quelle température le poids d'un litre d'air sous la pression* 76^{cm}, *se réduit-il à* 1^{gr}? $a = 1,293$, $\alpha = 0,00367$.

La formule du poids d'un gaz :

$$p = \frac{VHa}{76(1+\alpha t)},$$

donne : $$1+\alpha t = \frac{VHa}{76p}.$$

Numériquement : $$1+\alpha t = 1,293.$$

$$t = \frac{0,293}{0,00367} = 80^{o}.$$

358. — *Quel est le poids du gaz carbonique qui remplit à* $t=20^{o}$, *sous la pression* $H=190^{cm}$, *un récipient de volume* $V=40^{l}$? *La densité de ce gaz est* $d=1,529$, *le poids normal du litre d'air* $a=1,293$ *et le coefficient de dilatation des gaz* $\alpha=0,00367$.

La formule du poids d'un gaz :

$$p = \frac{VHad}{76(1+\alpha t)},$$

donne : $$p = \frac{40\times190\times1,293\times1,529}{76\times1,0734} = 184^{gr},18.$$

359. — *Quel est le poids de* 1^{mc} *d'acétylène à* $t=60^{o}$, *sous la pression* $H=80^{cm}$, *la densité de ce gaz étant* $d=0,92$, *le poids normal du litre d'air* $a=1,293$ *et le coefficient de dilatation des gaz* $\alpha=0,00367$?

La formule du poids d'un gaz :

$$p = \frac{VHad}{76(1+\alpha t)},$$

donne : $$p = \frac{1000\times80\times1,293\times0,92}{76\times1,2202} = 1026^{gr}.$$

360. — *Un ballon de* $V=8^{l}$ *contient* $p=25^{gr}$ *d'un gaz à* $t=15^{o}$ *sous la pression* $H=72^{cm}$. *Quelle est la densité de ce gaz, sachant que le poids normal du litre d'air est* $a=1^{gr},293$ *et le coefficient de dilatation des gaz* $\alpha=0,00367$?

Soit d cette densité. La formule du poids d'un gaz :

$$p = \frac{VHad}{76(1+\alpha t)},$$

donne : $$d = \frac{76p(1+\alpha t)}{VHa},$$

et, en remplaçant les lettres par leurs valeurs :

$$d = \frac{76\times25\times1,055}{8\times72\times1,293} = 2,691.$$

361. — *Un petit cylindre métallique à parois très épaisses et de volume invariable est rempli d'eau et fermé solidement à 0°. On l'abandonne dans un foyer de chaleur, où il s'échauffe à* $t = 500°$, *température où l'eau est entièrement réduite en vapeur. Quelle est, en atmosphères, la pression* H *que devrait pouvoir supporter l'enveloppe métallique pour ne pas éclater? On sait que le poids du litre d'air est* $a = 1{,}293$, *la densité de la vapeur d'eau* 0,625 *et le coefficient de dilatation des gaz* $\alpha = 0{,}00367$.

Soient $H = x.76$ la pression de la vapeur d'eau dans le cylindre supposé assez résistant, et V son volume intérieur.

En écrivant que le poids de la vapeur est égal au poids de l'eau, on obtient l'équation :

$$\frac{VHad}{76(1+\alpha t)} = V.1000;$$

d'où, en remplaçant H par $76x$:

$$x = \frac{1000(1+\alpha t)}{ad},$$

c'est-à-dire :

$$x = \frac{1183{,}5}{1{,}293 \times 0{,}625} = 1464.$$

La vapeur d'eau exercerait une pression de 1464 atmosphères.

CHAPITRE V

CHANGEMENTS D'ÉTAT

FORMULAIRE

Température de fusion ou de solidification. — Sous la pression atmosphérique ordinaire, un corps *fond* ou se *solidifie* à une température déterminée que l'on nomme, suivant le cas, son **point de fusion** ou son **point de solidification.**

Chaleur de fusion ou de solidification. — *On appelle* **chaleur de fusion** *ou* **chaleur de solidification** *d'un corps la quantité de chaleur qu'un gramme de ce corps absorbe pour fondre sans changer de température, ou dégage pour se solidifier sans changement de température.*

La fusion et la solidification d'un même corps mettent en jeu des quantités de chaleur égales et de signes contraires.

Changement de volume pendant la fusion ou la solidification. — La fusion et la solidification d'un même corps s'accompagnent de changements de volume égaux et de signes contraires.

La plupart des corps augmentent de volume pendant leur fusion.

§ I. Fusion et solidification.

362. — *La chaleur spécifique moyenne du platine étant* c = 0,036, *de combien de degrés élèverait-on la température d'un gramme de platine en lui faisant absorber une quantité de chaleur égale à sa chaleur de fusion, qui est* F = 27c?

Soit x ce nombre. La chaleur absorbée par un gramme de platine sera :

$$cx = F;$$

d'où :

$$x = \frac{F}{c} = \frac{27}{0,036} = 750^{\circ}.$$

363. — *Quelle quantité de chaleur faut-il faire absorber à* P = 120gr *de glace à* t = −25°, *pour la transformer en eau à* T = 14° ? *La chaleur spécifique de la glace est* c = 0,474 *et sa chaleur de fusion* F = 80.

En passant de $t = -25^{\circ}$ à $T = 14^{\circ}$, chaque gramme d'eau absorbe :

$$(25c + F + 14) \text{ calories.}$$

La quantité de chaleur demandée est donc :

$$Q = 120(11,85 + 80 + 14) = 12712 \text{ petites calories.}$$

364. — *Le soufre fond à* θ = 115° *et bout à* 450°; *sa chaleur de fusion est* F = 9,4, *et sa chaleur spécifique* c = 0,176 *à l'état solide,* c′ = 0,236 *à l'état liquide. Quelle est la quantité de chaleur absorbée par* p = 250gr *de soufre passant de* t = 15° *à* t′ = 200° ?

Un gramme absorbe :

$$c(\theta - t) + F + c'(t' - \theta);$$

c'est-à-dire :

$$0,176 \times 100 + 9,4 + 0,236 \times 85 = 47,06.$$

La quantité demandée est donc :

$$47,06 \times 250 = 11765 \text{ petites calories.}$$

365. — *L'azotate de sodium fond à $\theta = 310^\circ$ et sa chaleur de fusion est $F = 63$. Sa chaleur spécifique à l'état solide est $c = 0,28$ et à l'état liquide $c' = 0,42$. Quelle quantité de chaleur faut-il pour élever $p = 50^{gr}$ d'azotate de sodium de $t = 10^\circ$ à $t' = 430^\circ$?*

En passant de t à θ°, puis de θ à t'°, chaque gramme de la substance absorbe :

$$c(\theta - t) + F + c'(t' - \theta);$$

ou :

$$0,28 \times 300 + 63 + 0,42 \times 120 = 197,4 \text{ calories};$$

donc la quantité de chaleur demandée est :

$$Q = p \times 197,4 = 50 \times 197,4 = 9870 \text{ petites calories.}$$

366. — *On brûle du charbon de bois pour faire fondre de la glace. La combustion d'un gramme de charbon dégage 8000 calories; mais les deux tiers seulement de cette chaleur sont utilisés, le reste se perd par rayonnement ou conductibilité. Quel poids de charbon faudra-t-il brûler pour fondre 100^{kg} de glace?*

Soit x ce poids en kilogrammes.

La chaleur utilisée est : $8000x \times \frac{2}{3}$.

La chaleur de fusion de la glace est :

$$100 \times 80.$$

On a donc :

$$\frac{2}{3} \cdot 8000x = 8000;$$

d'où :

$$x = \frac{3}{2} = 1^{kg},5.$$

367. — *Un morceau de fer pesant $P = 500^{gr}$ est rougi au feu à la température $t = 1250^\circ$. On le plonge dans une cavité creusée au sein d'un bloc de glace fondante. Quel est le poids de l'eau liquide que l'on recueillera dans ce puits de glace, la chaleur spécifique du fer étant $c = 0,112$ et la chaleur de fusion de la glace 80?*

Soit x le poids de la glace fondue, et dont chaque gramme a absorbé 80 calories.

La température finale étant 0°, le fer s'est refroidi de :

$$t = 1250.$$

L'équation du mélange est donc :

$$80x = 500 \times 1250 \times 0,112.$$

On en tire :
$$x = \frac{1250 \times 56}{80} = 875^{gr}.$$

368. — *Le point de fusion de l'étain est* $t = 225°$, *sa chaleur de fusion* $F = 14,25$, *et sa chaleur spécifique à l'état solide* $c = 0,057$. *Quel est le rapport entre la quantité de chaleur nécessaire pour chauffer l'étain de 0° à sa température de fusion et la quantité de chaleur nécessaire pour fondre ce métal sans changement de température?*

Pour un gramme d'étain, ces deux quantités de chaleur sont :

$$ct \quad \text{et} \quad F;$$

le rapport demandé est donc :

$$\frac{ct}{F} = \frac{225 \times 0,057}{14,25} = \frac{9}{10} = 0,9.$$

369. — *Le point de fusion du soufre est* $t = 412°$, *sa chaleur de fusion* $F = 28,05$, *et sa chaleur spécifique à l'état solide* $c = 0,0935$.

Quelle devrait être la température d'un morceau de soufre, pour qu'il faille la même quantité de chaleur pour le chauffer jusqu'à son point de fusion ou pour le fondre ensuite sans changement de température?

Soit x la température demandée.

Il faut que l'on ait :
$$c(t - x) = F;$$

d'où :
$$x = t - \frac{F}{c}.$$

Numériquement :

$$x = 412 - \frac{28,05}{0,0935} = 112°.$$

370. — *L'étain fond à* $t = 225°$ *et le plomb à* $t' = 335°$. *Leurs chaleurs spécifiques sont* $c = 0,0562$, $c' = 0,0314$, *et leurs chaleurs de fusion* F = 14,25, F' = 5,37. *Quelle différence existe-t-il entre les quantités de chaleur nécessaires pour chauffer* 1gr *d'étain ou* 1gr *de plomb de* 0° *à son point de fusion, et pour le fondre ensuite sans changement de température?*

Ces deux quantités de chaleur sont :

$$ct + F = 225 \times 0,0562 + 14,25 = 26,895,$$
$$c't' + F' = 335 \times 0,0314 + 5,37 = 15,889$$

Leur différence est donc :

$$26,89 - 15,88 = 11^c.$$

Il faut pour l'étain 11 calories de plus que pour le plomb.

371. — *Dans un calorimètre à* t = 15°, *de capacité calorifique* M = 1000gr, *on fait tomber* p = 96gr *d'étain liquide à sa température de fusion* T = 225°. *Quelle sera la température d'équilibre, sachant que la chaleur de fusion de l'étain est* F = 14,25 *et sa chaleur spécifique* c = 0,057?

Soit θ cette température.
L'équation du mélange est :

$$p\{F + c(T - \theta)\} = M(\theta - t).$$

On en tire :
$$\theta = \frac{Mt + p(F + cT)}{M + pc}.$$

Numériquement :

$$\theta = \frac{15000 + 96(14,25 + 12,825)}{1000 + 5,472},$$
$$= \frac{17599,2}{1005,472} = 17°,5.$$

La température d'équilibre est 17°,5.

372. — *On verse dans un calorimètre* 500gr *d'eau à* 12°, *puis* 160gr *de zinc fondu à sa température de fusion* 433°. *La température d'équilibre est* 33°. *Quelle est la chaleur de fusion du zinc, sachant que sa chaleur spécifique est* 0,0935?

Soit *x* la chaleur de fusion. Chaque gramme cède *x* calories pour fondre et $400 \times 0{,}0935$ pour se refroidir de 433° à 33°. L'équation du mélange est donc :

$$500(33-12) = 160(x + 400 \times 0{,}0935);$$

ou : $$10500 = 160(x + 37{,}40);$$

d'où : $$160x = 10500 - 5984;$$

$$x = \frac{4516}{160} = 28{,}22.$$

La chaleur de fusion du zinc est 28,22 calories.

373. — *Le bismuth fond à T = 265°, sa chaleur spécifique est c = 0,03 à l'état solide et c' = 0,036 à l'état liquide. Pour déterminer sa chaleur de fusion, on chauffe du bismuth à la température du plomb fondu T' = 335°, et l'on en fait tomber p = 172gr,4 dans un calorimètre à t = 12°, dont la valeur en eau est M = 1300gr. La température d'équilibre est θ = 15°. Quelle est, d'après cette expérience, la chaleur de fusion cherchée?*

Soit x cette inconnue. Chaque gramme de bismuth perd :

$$c'(T'-T) + x + c(T-\theta) \text{ calories.}$$

L'équation du mélange est donc :

$$p\left\{c'(T'-T) + x + c(T-\theta)\right\} = M(\theta - t).$$

On en tire :

$$x = \frac{M(\theta-t) - pc(T-\theta) - pc'(T'-T)}{p}.$$

Numériquement :

$$x = \frac{3900}{172{,}4} - 7{,}50 - 2{,}52 = 22{,}62 - 10{,}02 = 12{,}6.$$

La chaleur de fusion du bismuth est 12,6.

Changement de volume pendant la fusion.

374. — *Lorsqu'on fait congeler v = 170cc d'eau à 0°, on obtient V = 185cc de glace à 0°. La densité de l'eau à 0° étant d = 0,999, quelle est la densité de la glace à la même température?*

Soit D cette densité. La masse soumise à l'expérience reste invariable.

On a donc : $VD = vd$;

d'où : $D = \frac{vd}{V}$.

Numériquement :

$$D = \frac{170 \times 0{,}999}{185} = 0{,}918.$$

La densité de la glace est 0,918.

375. — *L'acide stéarique fond à 70°. Si l'on chauffe de 0° à 70° v = 1 000^cc d'acide stéarique, on constate que son volume à l'état solide devient V = 1079^cc, et son volume à l'état liquide V' = 1198, à la même température. La densité de l'acide stéarique à 0° étant d = 1,01, on demande les deux densités de cette substance, à sa température de fusion ?*

Soient D, D' les deux densités demandées.

La masse restant invariable, on a :

$$vd = VD = V'D';$$

d'où : $$D = \frac{vd}{V} = \frac{1010}{1079} = 0{,}9317.$$

et $$D' = \frac{vd}{V'} = \frac{1010}{1198} = 0{,}843.$$

Les densités de l'acide stéarique à 70° sont 0,9317 à l'état solide et 0,843 à l'état liquide.

376. — *Le soufre fond à 115°, et, par suite du changement de volume qui se produit pendant la fusion, sa densité est multipliée par k = 0,953. Cela posé, quel volume de soufre liquide obtiendra-t-on en fondant un morceau de soufre, dont le volume à l'état solide devient v = 274^cc à la température de fusion ?*

Soient V le volume demandé et d, D les densités du soufre solide et du soufre liquide à la température de fusion.

On a : $D = dk$;

et $VD = vd$;

d'où, par division membre à membre :

$$V = \frac{v}{k}.$$

Numériquement : $$V = \frac{274}{0{,}953} = 287^{cc}{,}5.$$

§ II. Vaporisation.

FORMULAIRE

Vaporisation dans le vide. — Dans le vide, un liquide se vaporise instantanément, jusqu'à siccité, à moins que la vapeur formée n'atteigne sa **pression saturante.**

Cette pression saturante est d'autant plus élevée que le liquide est plus *volatil*. Mais, pour un liquide donné, elle croît toujours rapidement avec la température.

Une vapeur non saturée se comporte comme un gaz.

Un mélange de liquide et de vapeur saturée, à une température constante, conserve une pression invariable. Si le volume augmente, il y a vaporisation de liquide; s'il diminue, il y a condensation de vapeur.

Vaporisation dans une atmosphère gazeuse. — Dans une atmosphère gazeuse, un liquide se vaporise lentement, mais sa vapeur admet la même pression saturante que dans le vide à la même température. Le mélange gazeux suit la loi de Dalton.

Chauffage de l'eau en vase clos. — Dans un vase clos, on peut élever indéfiniment la température d'un mélange d'eau et de vapeur saturée; mais la pression croît rapidement avec la température.

Si P est la pression en kilogrammes par centimètre carré, et T la température en centaines de degrés, on a sensiblement :

$$P = T^4.$$

Ébullition à l'air libre. — *La* **température d'ébullition** *d'un liquide, sous une pression donnée, est la température pour laquelle la pression saturante de sa vapeur est égale à la pression extérieure.*

La **chaleur de vaporisation** *d'un liquide, à une température donnée, est la quantité de chaleur qu'absorbe un gramme de ce liquide pour se vaporiser sans changement de température.*

Sous la pression normale de 76^{cm}, l'eau bout à 100°; et, à cette température, sa chaleur de vaporisation est de 537 calories.

377. — *Quelle quantité de chaleur faut-il pour chauffer à 100° $P = 500^{gr}$ d'eau à 15°, et la vaporiser ensuite sans changement de température? La chaleur de vaporisation de l'eau à 100° est 537^{c}.*

Chaque gramme d'eau absorbe :

$$(100 - 15) + 537 = 622 \text{ calories.}$$

La quantité demandée est donc :

$$622P = 311\,000 \text{ petites calories.}$$

Il faut 311 grandes calories.

378. — *L'alcool bout à 78°. Sa chaleur de vaporisation à cette température est 202,5, ses chaleurs spécifiques à l'état liquide et à l'état de vapeur sont* $c = 0,456$ *et* $c' = 0,548$. *Quelle quantité de chaleur faut-il faire absorber à* 1gr *d'alcool à 0°, pour le transformer en vapeur à 100° ?*

La quantité demandée est :

$$78c + 202,5 + c'(100 - 78)\,;$$

ou

$$35,468 + 202,5 + 12,05 = 250^c.$$

250 petites calories.

379. — *Les chaleurs spécifiques de l'eau à l'état de glace et à l'état de vapeur sont* $c = 0,474$ *et* $c' = 0,477$, *ses chaleurs de fusion et de vaporisation* $F = 80$ *et* $V = 537$. *Quelle quantité de chaleur faudrait-il faire absorber à* $p = 100^{gr}$ *de glace à* $t = -50°$ *pour la transformer en vapeur saturante à* $T = 150°$?

Chaque gramme d'eau absorbe :

$$x = c(0 - t) + F + 100 + V + c'(T - 100),$$
$$= 0,474 \times 50 + 717 + 0,477 \times 50,$$
$$= 764^c,55.$$

La quantité demandée est :

$$px = 76\,455 \text{ petites calories.}$$

380. — *Quel poids de vapeur d'eau à 100° faut-il injecter dans une baignoire contenant* $V = 250^l$ *d'eau à* $t = 10°$, *pour élever à* $T = 30°$ *la température du bain? Chaleur de vaporisation de l'eau à 100° : 537.*

Soit x ce poids. Chaque kilogramme de vapeur cède 537 calories pour se liquéfier et $(100 - T)$ calories pour se refroidir à T°.

En écrivant que la quantité de chaleur perdue est égale à la quantité de chaleur gagnée par le bain, on obtient l'équation :

$$x(637 - T) = 250(T - t)\,;$$

d'où :

$$x = \frac{250(T - t)}{637 - T};$$

et, en remplaçant les lettres par leurs valeurs :

$$x = \frac{250 \times 20}{607} = 8^{kg},237.$$

381. — *On propose de partager* 1^{kg} *d'eau à* 0° *en deux parties, telles que la quantité de chaleur dégagée par la première en se congelant soit égale à la quantité de chaleur nécessaire pour transformer l'autre partie en vapeur d'eau à* 100°.

Soit x^{gr} la première partie, l'autre sera $(1000 - x)$.

Chaque gramme de la première dégage 80 calories, chaque gramme de la seconde absorbe 100 calories pour s'échauffer à 100° et 537 calories pour se vaporiser.

On a donc l'équation :

$$80x = (1000 - x)637;$$

ou

$$717x = 637000;$$

d'où :

$$x = 888,4.$$

888^{gr},4 à congeler et 111^{gr},6 à vaporiser.

382. — *Dans un récipient rempli de glace à* 0° *et percé d'un orifice à sa partie inférieure, on injecte* 1^{kg} *de vapeur d'eau à* 100°. *Quel est le poids d'eau qui s'écoulera du récipient? Chaleur de vaporisation de l'eau à* 100° : 537. *Chaleur de fusion de la glace :* 80°.

Pour se liquéfier et se refroidir à 0°, la vapeur injectée abandonne :

$$537 + 100 \quad \text{ou} \quad 637 \text{ calories.}$$

Le poids de la glace fondue est donc :

$$\frac{637}{80} = 7^{kg},9625.$$

On recueillera donc :

$$1 + 7,96 = 8^{kg},96.$$

Il s'écoulera près de 9^{l} d'eau.

383. — *Exprimer en kilogrammes la poussée exercée à l'intérieur d'une chaudière, sur une surface de* $S = 125^{cq}$, *par la vapeur d'eau à* 185°. *La pression saturante de la vapeur d'eau à* 185° *est* $F = 864^{cm},4$, *et la densité du mercure* $D = 13,6$.

Cette poussée est égale au poids d'une colonne de mercure de base S et de hauteur F; c'est-à-dire en grammes :

$$x = SFD = 125 \times 864,4 \times 13,6 \text{ grammes},$$
$$= 1469^{kg}.$$

384. — *La combustion d'un gramme de charbon dégage 7500 calories. En supposant que cette chaleur soit entièrement employée à vaporiser de l'eau à 100°, quel poids de vapeur obtiendra-t-on en brûlant 1kg de charbon? A 100°, la chaleur de vaporisation de l'eau est 537.*

Puisque chaque kilogramme de vapeur absorbe 537 calories, on obtiendra : $\frac{7500}{537} = 13^{kg},96$ de vapeur, ou près de 14^{kg}.

385. — *Quelle est la chaleur de vaporisation de l'éther à son point de vaporisation normal t = 35°, sachant que pour chauffer p = 125gr d'éther à 0° et les transformer en vapeur à 35°, il faut Q = 14 grandes calories? La chaleur spécifique de l'éther liquide est c = 0,529.*

Soit x l'inconnue. Chaque gramme d'éther absorbe $(ct + x)$ calories.

On a donc : $P(ct + x) = Q$; d'où : $x = \frac{Q}{P} - ct$.

Numériquement :

$$x = \frac{14000}{125} - 35 \times 0,529 = 112 - 20,5 = 91,5 \text{ petites calories}.$$

386. — *Avec 1l d'alcool à 0°, combien obtient-on de litres de vapeur d'alcool à t = 80° sous la pression saturante H = 82cm? La densité de l'alcool à 0° est D = 0,795, sa densité de vapeur à 80° est d = 1,39. Le poids normal du litre d'air est a = 1,293.*

Soit V le volume demandé.

La formule du poids d'un gaz donne :

$$p = \frac{VHad}{76(1 + \alpha t)};$$

d'où :

$$V = \frac{76p(1 + \alpha t)}{Had}.$$

Numériquement :

$$V = \frac{76 \times 795 \times 1,2936}{82 \times 1,293 \times 1,39} = 530^{l} \text{ de vapeur}.$$

CHAPITRE VI

MACHINES A VAPEUR

FORMULAIRE

Puissance. — *La* **puissance** *d'une machine est le travail qu'elle effectue en une seconde.*

Les unités C. G. S. de puissance sont : l'*erg par seconde* et le **watt** ou *joule par seconde,* qui vaut 10^7 ergs par seconde.

Les unités *métriques* sont : le *kilogrammètre par seconde* et le **poncelet**, qui vaut 100 *kilogrammètres par seconde.*

L'ancienne unité *industrielle* est le **cheval-vapeur**, qui vaut 75 *kilogrammètres par seconde.*

Travail. — Pour évaluer les travaux considérables, on utilise les unités suivantes :

Le *cheval-heure,* travail d'un cheval pendant une heure :

$$75 \times 3\,600 = 270\,000^{kgm}.$$

Le *kilowatt-heure,* travail produit en une heure par une puissance de 1 000 watts.

Transmission du travail. — *Le travail moteur* M *est égal au travail résistant* R; celui-ci comprenant le travail utile U et le travail passif P, absorbé par les résistances, les frottements, etc.

$$M = R = U + P.$$

Rendement. — *Le* **rendement** *d'une machine est le rapport de l'énergie qu'elle restitue sous forme de travail utile, à l'énergie dépensée pour la mettre en mouvement.*

C'est le quotient $\frac{U}{M}$ du travail utile par le travail moteur.

1. Puissance.

387. — *Quel est le travail produit en 50 minutes par un moteur de 4 chevaux-vapeur.*

Un cheval-vapeur représente 75^{kgm} par seconde.
Le travail demandé est donc :

$$75 \times 4 \times 50 \times 60 = 900\,000^{kgm}.$$

388. — *Quelle est la puissance d'un cheval qui parcourt 250^m par minute, en exerçant sur une voiture une traction moyenne de 12^{kg} ?*

Le travail effectué en une seconde est :

$$\mathcal{T} = \frac{250 \times 12}{60} = 50^{kgm}.$$

La puissance développée est donc :

$$\frac{50}{75} = \frac{2}{3} = 0{,}66 \text{ cheval-vapeur.}$$

389. — *Quelle est, en chevaux-vapeur, la puissance d'une turbine actionnée par un courant d'eau, qui tombe de 2^m de haut et débite 1620^{mc} à l'heure?*

Un cheval-vapeur correspond à 75^{kgm} par seconde.
Or la turbine effectue par seconde un travail de :

$$\frac{1620000 \times 2}{3600} \text{ kilogrammètres}$$

Sa puissance est donc :

$$\frac{1620000 \times 2}{3600 \times 75} = 12 \text{ chevaux-vapeur.}$$

390. — *Un homme pèse* $P = 80^{kg}$; *quelle puissance développe-t-il dans une ascension effectuée en deux heures, pendant lesquelles son altitude a augmenté de* $h = 1080^m$?

La puissance est le travail par seconde, c'est-à-dire :

$$\frac{Ph}{t} = \frac{80 \times 1080}{2 \times 3600} = 12^{kgm},$$

ou, en chevaux-vapeur :

$$x = \frac{12}{75} = 0{,}16 \text{ cheval-vapeur.}$$

391. — *Quel est le prix du charbon consommé par un paquebot qui développe une puissance de 10000 chevaux-vapeur pendant une traversée de six jours, sachant que les machines brûlent 1^{kg} de charbon par cheval et par heure, et que la houille coûte 25^{fr} la tonne?*

Le charbon consommé pèse :

$10000 \times 24 \times 6$ kilogrammes ou 1440 tonnes,

et vaut : $1440 \times 25 = 36000^{fr}$.

392. — *Une grue à vapeur ayant une puissance de*

5 chevaux-vapeur soulève un poids de 1000^{kg} ; combien de temps lui faut-il pour l'élever à 3^{m} de hauteur?

Soit t le nombre de secondes.

On a : $$5 \times 75 \times t = 1000 \times 3;$$

d'où : $$t = \frac{3000}{375} = 8^{s}.$$

393. — *Une machine d'extraction remonte un chargement de 3000^{kg} d'une profondeur de 280^{m} en 35^{s}. Quelle est la puissance de cette machine?*

Pour obtenir cette puissance en chevaux-vapeur, il suffit de diviser par 75 le nombre de kilogrammètres fourni par la machine en une seconde.

On trouve : $$\frac{3000 \times 280}{35 \times 75} = 320{,}4 \text{ chevaux.}$$

394. — *Quelle est la puissance d'une locomotive qui remorque un train à la vitesse de 50^{km} à l'heure, en exerçant une traction de 1 400^{kg} ?*

Le travail effectué en une seconde est :

$$\frac{1400 \times 50000}{60 \times 60}.$$

La puissance en chevaux-vapeur est donc :

$$\frac{1400 \times 500}{36 \times 75} = 259{,}2.$$

395. — *Évaluer en dynes le poids d'une masse* $\mathrm{m} = 5^{gr}$ *en un lieu où l'intensité de la pesanteur est* $\mathrm{g} = 980$.

Soit p ce poids.

On a : $$p = mg = 5 \times 980 = 4900 \text{ dynes.}$$

396. — *Quelle est l'intensité de la pesanteur en un lieu où la pression barométrique de* $\mathrm{H} = 75^{cm}$ *de mercure à* 0° *(densité* $\mathrm{D} = 13{,}59$*) équivaut à une mégadyne par centimètre carré?*

Soit P cette pression.

On a : $$\mathrm{P} = \mathrm{HD}g;$$

d'où : $$g = \frac{\mathrm{P}}{\mathrm{HD}} = \frac{1000000}{75 \times 13{,}59} = 981{,}1.$$

397. — *Réduire* 1^{kgm} *en ergs, puis en joules.*

C'est le travail de	1000^{gr}	sur	100^{cm},
ou de	981000 dynes	—	100^{cm},
c'est-à-dire :	98100000 ergs.		

Le joule valant 10^7 ergs, le kilogrammètre vaut :

9,81 joules.

398. — *Exprimer en joules un travail de* 300^{kgm}.

On sait qu'un joule vaut 10 mégergs et qu'un erg vaut 1 dyne centimètre.

Donc 300^{kgm} valent :

$$x = 300 \times 1000 \times 981 \times 100 \text{ ergs},$$
$$= 29430 \text{ mégergs},$$
$$= 2943 \text{ joules}.$$

399. — *Réduire un cheval-heure en kilogrammètres.*

Un cheval-heure est le travail d'un cheval-vapeur pendant une heure, c'est-à-dire le travail de 75^{kgm} par seconde pendant 3600 secondes.

Ou : $75 \times 3600 = 270000^{kgm}$.

400. — *Réduire un cheval-vapeur en grammes-centimètres par seconde.*

En une seconde, un cheval-vapeur produit un travail de :

	75^{kg}	sur	1^{m},
ou :	75000^{gr}	—	100^{cm},
ou enfin :	7500000 grammes-centimètres.		

401. — *Réduire un cheval-vapeur en ergs par seconde, puis en watts.*

En une seconde, un cheval-vapeur produit un travail de :

	75^{kg}	sur	1^{m},
ou,	75000^{gr}	—	100^{cm},
ou :	75000×981 dynes	—	100^{cm},
c'est-à-dire :	$x = 7357500000$ ergs.		

Or le watt est une puissance de 1 joule par seconde ou 10^7 ergs par seconde.

Donc le cheval-vapeur vaut :

735,75 joules par seconde,

ou environ 736 watts.

402. — *Combien un kilowatt-heure représente-t-il de joules?*

Le kilowatt représente 1000 joules par seconde.
Donc le kilowatt-heure vaut :

$$1000 \times 60 \times 60 = 3600000 \text{ joules.}$$

403. — *Quelle est, en chevaux-vapeur, la puissance d'une machine de 25 kilowatts?*

Le kilowatt équivaut à 1000 joules par seconde.

ou : $\frac{1000}{9,81}$ kilogrammètres par seconde,

ou : $\frac{1000}{9,81 \times 75} = 1,36$ cheval-vapeur.

Donc 25 kilowatts représentent :

$$\frac{25000}{9,81 \times 76} = 34 \text{ chevaux-vapeur.}$$

404. — *Exprimer en kilowatts une puissance de 400 chevaux-vapeur.*

On sait que le watt vaut 1 joule par seconde, ou 10 mégergs par seconde.

Donc : $x = \frac{400 \times 75000 \times 981 \times 100}{10000000 \times 1000} = 294,3$ kilowatts.

405. — *Quel est, en grandes calories, l'équivalent calorifique d'un cheval-heure?*

425^{kgm} valent 1 grande calorie.
Un cheval-heure, ou 75×3600 kilogrammètres, vaut donc :

$$\frac{1}{425} \times 75 \times 3600 = 635,29 \text{ calories.}$$

406. — *La combustion de 1^{kg} de charbon dégage 7000 calories; quel travail obtiendrait-on, si l'on pouvait transformer intégralement cette chaleur en travail?*

Puisqu'une grande calorie équivaut à 425^{kgm}, on recueillerait :

$$7000 \times 425 = 2975000^{kgm}.$$

407. — *Les frottements qui se produisent dans une machine absorbent par seconde 17^{kgm}, qui se transforment en chaleur; quelle est la quantité de chaleur ainsi produite pendant 20 minutes?*

Le travail disparu est : $17 \times 60 \times 20$.

A raison de 1 calorie pour 425^{kgm}, cela donne :

$$\frac{17 \times 60 \times 20}{425} = 48 \text{ calories.}$$

408. — *Exprimer en watts la puissance capable de vaporiser par seconde $p = 750^{gr}$ d'eau prise à $t = 37^{o}$.*

Soit x cette puissance. Réduisons-la successivement en kilogrammètres et en calories.

On aura : $$\frac{x}{736} \times \frac{75}{0,425} = 750 \times 600;$$

d'où : $$x = \frac{75 \times 6 \times 425 \times 736}{75} = 1876,8 \text{ kilowatts.}$$

2. Rendement.

409. — *Une pompe actionnée par un moteur de 5 chevaux, et dont le rendement est 0,48, élève de l'eau dans un réservoir situé à 27^{m} au-dessus du puisard; quel volume d'eau débite-t-elle en une heure?*

Soit V ce volume en litres.

On aura : $$V \times 27 = 5 \times 75 \times 3600 \times 0,48;$$

d'où : $$V = \frac{5 \times 75 \times 36 \times 48}{27} = 24000 \text{ litres.}$$

410. — *Le propulseur d'un navire est une hélice actionnée par un moteur de 2000 chevaux; on estime que le rendement de l'hélice est 0,7. Quel est le travail réellement utilisé en une heure pour faire avancer le bâtiment?*

Ce travail est les 0,7 du travail produit par la machine, c'est-à-dire :

$$x = 0,7 \times 2000 \times 75 \times 3600,$$

$$x = 378000000^{kgm}.$$

411. — *Une machine outil, actionnée par un moteur de 4 chevaux, produit un travail de 810000^{kgm} à l'heure. Quel est le rendement de cet outil?*

Le rendement est le rapport du travail utile au travail moteur, pendant un même intervalle de temps.

Or, pendant une heure, le travail moteur est :

$$75 \times 4 \times 60 \times 60.$$

Le rendement est donc :

$$\frac{810000}{300 \times 3600} = \frac{3}{4} = 0{,}75.$$

412. — *Quel est le rendement d'une machine outil actionnée par un moteur de 1 kilowatt et produisant 76^{kgm},5 par seconde?*

Un kilowatt représente par seconde :

$$1000 \text{ joules ou : } \frac{1000}{9{,}81} = 101{,}9^{kgm}.$$

Le rendement est donc : $\frac{765}{1019} = 0{,}75.$

413. — *Dans le fonctionnement d'une machine à vapeur à 3^{atm}, on a constaté que chaque kilogramme de charbon vaporise 8^{kg} d'eau. Si le pouvoir calorifique de la houille était utilisé intégralement, 20^{kg} de charbon vaporiseraient 247^{kg} d'eau. Quel est le rendement du foyer au point de vue de l'utilisation du combustible?*

Pour 20^{kg} de charbon, on obtient :

$$8 \times 20 = 160^{kg} \text{ de vapeur,}$$

au lieu de 247 ; le rendement est donc :

$$x = \frac{160}{247} = 0{,}647.$$

414. — *Un navire à vapeur a brûlé 0^{kg},815 de charbon par cheval et par heure; l'eau de la chaudière n'a reçu que les 0,64 de la chaleur dégagée par le combustible, et qui est de 7500 calories par kilogramme de charbon. Quel est le rendement calorifique de la machine, c'est-à-dire le rapport de la chaleur transformée en travail, à la chaleur reçue par l'eau de la chaudière?*

Un cheval-heure ou 75×3600 kilogrammètres équivaut à :

$$\frac{75 \times 3600}{425} \text{ calories.}$$

Or il a exigé : $0{,}815 \times 7500 \times 0{,}64$ calories.

Le rendement calorifique est donc :

$$\frac{75 \times 3600}{425 \times 0{,}815 \times 7500 \times 0{,}64} = 0{,}1623.$$

415. — *Quel est le rendement d'une machine de 170 chevaux, si elle consomme par heure* 150^{kg} *de charbon? La combustion de* 1^{kg} *de charbon dégage 8000 calories, et la calorie équivaut à* 425^{kgm}.

Le rendement est le rapport de l'énergie produite à l'énergie dépensée.

Or la première est : $170 \times 75 \times 60 \times 60$,

et la seconde : $150 \times 8000 \times 425$.

Le rendement est donc :

$$\frac{17 \times 75 \times 36}{150 \times 8 \times 425} = 0{,}09.$$

416. — *Quel est le travail produit par une machine à vapeur dans laquelle on a brûlé* 25^{kg} *de charbon, sachant que* 1^{kg} *de ce combustible fournit 8000 calories et que la machine en transforme seulement les 0,08 en travail?*

La quantité de chaleur transformée en travail est :

$$25 \times 8000 \times 0{,}08 = 16000 \text{ calories.}$$

L'équivalent mécanique de la calorie étant 425^{kgm}, le travail demandé est : $16000 \times 425 = 6800000^{kgm}$.

417. — *Une machine à gaz tonnant produit un travail de* 75^{kgm} *par seconde; combien consomme-t-elle par heure de litres de gaz d'éclairage, sachant que* 1^{mc} *de ce gaz dégage en brûlant 5000 calories, dont la machine transforme les 0,7 en travail?*

Soit x le nombre de litres.

La chaleur transformée est : $x \times 5 \times 0{,}7$,

et le travail produit : $x \times 3{,}5 \times 425$ kilogrammètres.

En écrivant que ce nombre est égal au travail donné, on obtient l'équation :
$$x \times 3,5 \times 425 = 75 \times 60 \times 60,$$
d'où l'on tire :
$$x = \frac{75 \times 36000}{35 \times 425} = 181,5.$$

Le moteur dépense par heure $181^l,5$ de gaz.

418. — *La combustion de 1^{gr} d'alcool dégage 7180 calories; quel poids d'alcool faut-il brûler par heure pour actionner un petit moteur qui transforme en travail les 0,265 de la chaleur produite, et développe ainsi une puissance de 3 chevaux-vapeur? On sait qu'un cheval-vapeur effectue 75^{kgm} par seconde, et que la calorie équivaut à 0,425 kilogrammètres.*

Soit x le poids demandé.

Le travail fourni en une heure est :
$$x \times 7180 \times 0,265 \times 0,425.$$
Il doit être égal à
$$75 \times 60 \times 60 \times 3.$$
On a donc :
$$x \times 7180 \times 0,265 \times 0,425 = 3600 \times 225;$$
d'où :
$$x = \frac{3600 \times 225}{7180 \times 0,265 \times 0,425} = 1001^{gr}.$$

Il faut brûler 1^{kg} d'alcool.

CHAPITRE VII

HYGROMÉTRIE

FORMULAIRE

État hygrométrique. — **L'état hygrométrique**, *ou fraction de saturation de l'atmosphère, est le rapport e, qui existe entre la pression actuelle f de la vapeur d'eau dans l'air, et la pression saturante F de cette vapeur à la même température.*

Il est égal au rapport qui existe entre le poids p de vapeur d'eau contenu dans un volume d'air, et le poids P qui saturerait ce même volume à la même température.

On a :
$$e = \frac{f}{F} = \frac{p}{P}.$$

419. — *Quel est l'état hygrométrique, quand la température de l'air est* $T=17°$ *et le point de rosée* $t=5°$? *La pression saturante de la vapeur d'eau à 5° est* $f=0^{cm},651$, *et à 17°,* $F=1^{cm},44$.

L'état hygrométrique demandé est le quotient :

$$x=\frac{f}{F}=\frac{651}{1440}=0,452.$$

420. — *Dans une salle d'expérience, la température est* $t=7°$ *et l'état hygrométrique* $e=\frac{2}{3}$. *Que deviendra cet état hygrométrique, si l'on élève la température à* $t'=20°$? *La pression saturante de la vapeur d'eau à 7° est* $f=0^{cm},747$, *et à 20°,* $f'=1^{cm},74$.

Soient x l'état hygrométrique demandé, et y la force élastique actuelle de la vapeur d'eau dans l'air.

A 7°, on a : $\frac{y}{f}=\frac{2}{3}$; d'où : $y=\frac{2}{3}f$;

et à 20° : $x=\frac{y}{f'}$; d'où : $x=\frac{2}{3}\frac{f}{f'}$.

En remplaçant les lettres par leurs valeurs, on obtient :

$$x=\frac{2\times 747}{3\times 1740}=0,286.$$

A 20°, l'état hygrométrique deviendra 0,28.

421. — *On a trouvé que* 80^{l} *d'air contiennent* $1^{gr},2$ *de vapeur d'eau. Quel est l'état hygrométrique, sachant qu'à la même température il faudrait* 20^{gr} *de vapeur d'eau pour saturer un mètre cube d'air?*

La vapeur d'eau contenue dans un litre d'air pèse :

$$\frac{1,2}{80},$$

et dans un mètre cube : $\frac{1,2\times 1000}{80}$.

L'état hygrométrique est donc :

$$\frac{1200}{80\times 20}=\frac{3}{4}=0,75.$$

422. — *Un mètre cube d'air à* $t=17°$ *contient* $p=11^{gr}$ *de vapeur d'eau. Quel est son état hygrométrique, sachant* *qu'à 17°, la pression saturante de la vapeur d'eau est* $f=1^{cm},44$? *Poids normal du litre d'air,* $a=1^{gr},293$; *coefficient de dilatation des gaz,* $\alpha=0,00367$; *densité de la vapeur d'eau,* $d=0,625$.

Soient x cet état hygrométrique et P le poids de vapeur qui saturerait un mètre cube d'air à $t°$.

On a :

$$x=\frac{p}{P}.$$

Or, d'après la formule du poids d'un gaz :

$$P=\frac{1000fad}{76(1+\alpha t)};$$

donc :

$$x=\frac{76p(1+\alpha t)}{1000fad};$$

et, en substituant les valeurs numériques :

$$x=\frac{76\times 11\times 1,0624}{1,44\times 1293\times 0,625}=0,763.$$

L'état hygrométrique est 0,76.

423. — *Quel est le poids de la vapeur d'eau contenue dans un mètre cube d'air, quand la température est* $t=18°$ *et l'état hygrométrique* $e=\frac{1}{4}$? *On sait que la pression saturante de la vapeur d'eau à 18° est* $F=1^{cm},52$, *la densité de cette vapeur* $d=0,625$, *le poids normal du litre d'air* $a=1^{gr},293$, *et le coefficient de dilatation des gaz* $\alpha=0,00367$.

La pression actuelle de la vapeur d'eau est :

$$\frac{F}{4}=0,38.$$

Le poids demandé est donc :

$$p=\frac{1000\times 0,38\times 1,293\times 0,625}{76\times 1,066},$$

$$=\frac{404}{106,6}=3,789.$$

Soit $3^{gr},79$ par excès.

424. — *Un mètre cube d'air saturé de vapeur d'eau à* $T=26°$ *se refroidit à* $t=8°$. *Quel est le poids de la vapeur d'eau qui se condense, sachant que les pressions saturantes à t° et à T° sont respectivement* $f=0^{cm},8$, $F=2^{cm},5$?

Le poids normal du litre d'air est $a = 1^{gr},293$, *la densité de la vapeur d'eau* $d = 0,625$ *et le coefficient de dilatation des gaz* $\alpha = 0,00367$.

Le poids de vapeur qui se condense est la différence entre les poids de vapeur qui saturent un mètre cube d'air à T° et à t°, c'est-à-dire :

$$x = \frac{1000\mathrm{F}ad}{76(1+\alpha\mathrm{T})} - \frac{1000fad}{76(1+\alpha t)},$$

$$= \frac{1000ad}{76}\left(\frac{\mathrm{F}}{1+\alpha\mathrm{T}} - \frac{f}{1+\alpha t}\right).$$

Numériquement :

$$x = \frac{808}{76}\left(\frac{2,5}{1,092} - \frac{0,8}{1,029}\right).$$

$$= \frac{808 \times 1,041}{76} = 11^{gr},06.$$

425. — *Quel est le poids d'un mètre cube d'air humide à* $t = 26°$ *sous la pression* $H = 74^{cm},5$, *sachant qu'il est saturé de vapeur d'eau, dont la force élastique est* $f = 2^{cm},5$? *Le poids du litre d'air est* $a = 1^{gr},293$, *la densité de la vapeur d'eau* $d = 0,625$, *et le coefficient de dilatation des gaz* $\alpha = 0,00367$.

Le poids de l'air humide est égal au poids p de l'air sec, plus le poids p' de la vapeur d'eau.

Or, la pression individuelle de l'air sec étant $(H - f)$, on a :

$$p = \frac{V(H-f)a}{76(1+\alpha t)},$$

et

$$p' = \frac{Vfad}{76(1+\alpha t)};$$

d'où, par addition :

$$x = \frac{Va}{76(1+\alpha t)}\{H - f(1-d)\}.$$

En remplaçant les lettres par leurs valeurs, on obtient :

$$x = \frac{1293 \times 73,562}{76 \times 1,0954} = 1142^{gr}.$$

DEUXIÈME PARTIE : CHIMIE

Observation. — Dans les problèmes qui suivent, tous les volumes gazeux seront pris aux conditions normales, c'est-à-dire à la température 0° et sous la pression de 76cm de mercure.

PROBLÈMES

1. — *Trouver le poids moléculaire de l'acide sulfurique* SO^4H^2. *Poids atomique de* $S = 32$, *de* $O = 16$, *de* $H = 1$.

Le poids moléculaire d'un corps est égal à la somme des poids atomiques de tous ses éléments.

On a donc : $SO^4H^2 = 32 + 4(16) + 2 = 98.$

2. — *Quel est le poids moléculaire du sulfate d'ammonium* $SO^4(AzH^4)^2$? *Poids atomique de* $S = 32$, *de* $O = 16$, *de* $Az = 14$, *de* $H = 1$.

$$SO^4(AzH^4)^2 = 32 + 64 + 2(18) = 132.$$

3. — *Trouver le poids moléculaire du chlorate de potassium* ClO^3K. *Poids atomique de* $Cl = 35{,}5$, *de* $O = 16$, *de* $K = 39$.

$$ClO^3K = 35{,}5 + 3(16) + 39 = 122{,}5.$$

4. — *Quelle est la différence entre les poids moléculaires du carbonate neutre de potassium* CO^3K^2 *et du bicarbonate* CO^3KH ? *Poids atomique de* $C = 12$, *de* $O = 16$, *de* $K = 39$, *de* $H = 1$.

$$CO^3K^2 = 12 + 3(16) + 2(39) = 138,$$
$$CO^3KH = 12 + 3(16) + 39 + 1 = 100.$$

La différence cherchée est : $138 - 100 = 38$.

5. — *Quel est le rapport des poids moléculaires de l'acide sulfurique SO^4H^2, et du sulfate de calcium SO^4Ca? Poids atomique de S = 32, de O = 16, de H = 1, de Ca = 40.*

$$SO^4H^2 = 32 + 4(16) + 2 = 98,$$
$$SO^4Ca = 32 + 4(16) + 40 = 136.$$

Le rapport de ces poids est : $\frac{98}{136} = \frac{49}{68} = 0,72.$

6. — *Combien une molécule de carbonate de calcium CO^3Ca pèse-t-elle de fois plus qu'une molécule d'hydrogène? Poids atomique de C = 12, de O = 16, de Ca = 40.*

La molécule de $CO^3Ca = (12 + 3(16) + 40) = 100$.
La molécule d'hydrogène $H^2 = 2$.
La première pèse 50 fois plus que la seconde.

7. — *Quel est le rapport des poids moléculaires du chlorure d'ammonium AzH^4Cl et du gaz ammoniac AzH^3? Poids atomique de Az = 14, de H = 1, de Cl = 35,5.*

$$AzH^4Cl = 14 + 4 + 35,5 = 53,5;$$
$$AzH^3 = 14 + 3 = 17.$$

Le rapport demandé est :

$$\frac{53,5}{17} = 3,14.$$

8. — *Quel est le rapport du poids atomique de l'azote au poids moléculaire de l'azotate de sodium AzO^3Na? Poids atomique de Az = 14, de O = 16, de Na = 23.*

$$AzO^3Na = 14 + 3(16) + 23 = 85.$$

Le rapport demandé est :

$$\frac{14}{85} = 0,164.$$

9. — *Le poids moléculaire d'un composé est* A = 53,5. *La chaleur décompose ce corps en deux autres, dont les poids moléculaires* B, C *sont entre eux dans le rapport de* 34 *à* 73. *Quels sont ces poids moléculaires ?*

Le poids moléculaire d'un composé est égal à la somme des poids moléculaires des composants :

On a donc : $$B + C = A;$$

et $$\frac{B}{C} = \frac{34}{73}.$$

Ces équations peuvent s'écrire :

$$\frac{B}{34} = \frac{C}{73} = \frac{B + C}{34 + 73} = \frac{53,5}{107};$$

d'où : $$B = \frac{34 \times 53,5}{107} = 17.$$

et $$C = \frac{73 \times 53,5}{107} = 36,5.$$

10. — *La molécule d'un composé* A *contient* 3 *atomes d'un corps* B, 1 *atome d'un corps* C, *et* 1 *atome d'un corps* D. *On demande le poids moléculaire* A *du composé, sachant que les poids atomiques des composants sont* B = 16, C = 14, D = 1.

On a : $$A = 3B + C + D;$$

c'est-à-dire, en remplaçant les lettres par leurs valeurs :

$$A = 48 + 14 + 1 = 63.$$

11. — *On combine ensemble deux corps dont les poids moléculaires sont* A = 17 *et* B = 36,5. *Quel sera le poids moléculaire* C *du composé?*

On a : $$C = A + B = 17 + 36,5 = 53,5.$$

12. — *Sous l'action de la chaleur, un corps de poids moléculaire* A = 100 *se décompose en deux autres. Le poids moléculaire de l'un de ces composants est* B = 44; *quel est le poids moléculaire de l'autre ?*

Soit C le poids moléculaire demandé.

On a : $$C + B = A;$$
d'où $$C = A - B;$$
et en remplaçant les lettres par leurs valeurs :
$$C = 100 - 44 = 56.$$

13. — *Dans une équation chimique dont chaque membre comprend 2 termes, les poids moléculaires des termes du premier membre sont entre eux dans le rapport de $\frac{49}{33}$; ceux des termes du second membre dans le rapport de $\frac{81}{1}$. Le poids moléculaire du premier terme du premier membre étant 98, on demande les poids moléculaires des 3 autres termes.*

Soient A, B, C, D les poids moléculaires des quatre termes :

On a : $$A + B = C + D,$$
$$\frac{A}{B} = \frac{49}{33} \quad \text{et} \quad \frac{C}{D} = \frac{81}{1}.$$

Ces équations donnent :
$$B = \frac{33A}{49} = \frac{33 \times 98}{49} = 66;$$
puis : $$A + B = C + D = 98 + 66 = 164;$$
d'où : $$\frac{C}{8} = \frac{D}{1} = \frac{164}{82} = 2;$$
et enfin : $$C = 162, \quad \text{et} \quad D = 2.$$

14. — *Dans une équation chimique dont les 2 membres renferment chacun 2 termes, on a 159,5 pour la somme des poids moléculaires des termes du premier membre; le poids moléculaire du premier terme du second membre égale 101. Quel sera le poids moléculaire de l'autre terme?*

Soient A, B, et C, D, les termes des 2 membres, on a :
$$C + D = A + B;$$
d'où : $$D = A + B - C;$$
c'est-à-dire : $$D = 159,5 - 101 = 58,5.$$

15. — *Le poids moléculaire d'un composé binaire*

est **111**; *l'un des éléments est bivalent et son poids atomique est* **40**. *Quel est le poids atomique de l'autre?*

Soient $M = 40$ le poids atomique donné et X le poids atomique demandé.

Le composé ayant pour formule MX^2, son poids moléculaire peut s'écrire :

$$M + 2X = 111;$$

et cette équation donne :

$$X = \frac{111 - M}{2} = \frac{111 - 40}{2} = \frac{71}{2};$$

ou :

$$X = 35{,}5.$$

16. — *Calculer les poids atomiques de deux éléments, sachant qu'ils sont entre eux comme 2 est à 1 et qu'un atome du premier élément se combine avec trois atomes du second pour former un composé binaire dont le poids moléculaire est* **80**.

Soient X et y les deux poids atomiques demandés.

On a :

$$\frac{X}{y} = 2.$$

Le composé binaire a pour formule Xy^3.

Son poids moléculaire est donc :

$$X + 3y = 80.$$

La première équation donne :

$$X = 2y.$$

La seconde devient :

$$5y = 80; \quad \text{d'où :} \quad y = 16.$$

Par suite :

$$X = 32.$$

17. — *Les poids atomiques de deux éléments sont entre eux comme 7 est à 8; 1 atome du premier s'unit à 2 atomes du second pour former un composé binaire dont on demande le poids moléculaire, sachant que le poids atomique du premier élément est* $M = 14$.

Soit X le poids atomique du second élément.

On a :

$$\frac{M}{X} = \frac{7}{8}; \quad \text{d'où :} \quad X = \frac{8M}{7} = 16.$$

La molécule du composé est MX^2.

Son poids moléculaire est donc :

$$M + 2X = 14 + 2(16) = 46.$$

18. — *Deux gaz se sont combinés dans la proportion de 400cc du premier pour 200cc du second. Quel est le volume du mélange?*

Ces gaz se combinent dans la proportion de 2 à 1, donc il y a contraction de $\frac{1}{3}$ de la somme des volumes des composants, c'est-à-dire de $\frac{600}{3}$ ou 200 vol.

Le volume de la combinaison sera :

$$600 - 200 = 400 \text{ vol.}$$

19. — *Quel est le nom du composé formé avec 55gr de manganèse et 32gr d'oxygène? Poids atomique de* Mn = 55; *de* O = 16.

Pour 1 atome de manganèse il y a 2 atomes d'oxygène.
Le composé est donc le bioxyde de manganèse ayant pour formule :

$$MnO^2.$$

20. — *Quelle est la formule du corps formé par la combinaison de 28gr d'azote, 96gr d'oxygène et 40gr de calcium?*

28gr d'azote représentent	2 atomes d'azote.
96gr d'oxygène représentent	6 atomes d'oxygène.
40gr de calcium représentent	1 atome de calcium.

La formule demandée est donc :

$$Az^2O^6Ca = (AzO^3)^2Ca.$$

21. — *Dans la préparation de l'acide azotique par la décomposition de l'azotate de potassium, quel est le rapport du poids de l'acide sulfurique employé, au poids de l'azotate décomposé? Poids atomique de* K = 39, *de* O = 16, *de* S = 32, *de* Az = 14, *de* H = 1?

La préparation de l'acide azotique est représentée par l'équation :

$$AzO^3K + SO^4H^2 = SO^4KH + AzO^3H.$$

Pour une molécule d'azotate décomposé, on a une molécule d'acide ulfurique employé.

Or, $SO^4H^2 = (32 + 64 + 2) = 98.$

$AzO^3K = (14 + 48 + 39) = 101.$

Le rapport demandé est le rapport de ces poids moléculaires, c'est-à-dire : $\frac{98}{101} = 0,97.$

22. — *Quel est le poids d'eau liquide obtenu par la combustion de 200gr d'hydrogène? Poids atomique de* $H = 1$, *de* $O = 16$.

On a : $$H^2 + O = H^2O;$$
ou $$2 + 16 = 18.$$

Ainsi, 2gr d'hydrogène donnent en brûlant 18gr d'eau.
Donc 200gr — — — 1800gr d'eau.

23. — *On fait passer 100gr de vapeur d'eau sur du fer chauffé au rouge. Quel est le poids d'hydrogène recueilli? Poids atomique de* $H = 1$, *de* $O = 16$.

La décomposition de la vapeur d'eau est représentée par l'équation :

$$4H^2O + 3Fe = Fe^3O^4 + 4H^2,$$
$$4(2 + 16) \qquad\qquad 4(2).$$

Ainsi, avec 72gr de vapeur d'eau on a : 8gr d'H.
— 100gr — on aura : x —

La proportion $$\frac{x}{8} = \frac{100}{72},$$

donne : $$x = \frac{100}{9} = 11^{gr},11.$$

24. — *Quel poids de fer faut-il pour décomposer au rouge 500cc de vapeur d'eau? Poids du litre de vapeur* $= 0^{gr},786$, *poids atomique* $Fe = 56$, $O = 16$, $H = 1$.

Le poids de la vapeur à décomposer est :

$$0,5 \times 0,786 = 0^{gr},393.$$

Or, la réaction peut s'écrire :

$$4H^2O + 3Fe = Fe^3O^4 + 4H^2,$$
$$4 \times 18 \quad 3 \times 56.$$

Ainsi, pour décomposer 72gr d'eau, il faut 168gr de fer,
— 0gr,393 — il faudra x —

La proportion $$\frac{x}{168} = \frac{0,393}{72},$$

donne : $$x = \frac{168 \times 0,393}{72} = 0^{gr},917.$$

25. — *Quels sont les poids d'oxygène et d'hydrogène recueillis en décomposant complètement par la chaleur 360ᵍʳ de vapeur d'eau? Poids atomique de* O = 16, *de* H = 1.

La décomposition de l'eau est représentée par l'équation :

$$H^2O = H^2 + O,$$
$$18 \quad 2 \quad 16.$$

18gr d'H^2O donnent 2gr de H et 16gr de O.

360gr id. x y.

On a donc :

$$\frac{x}{2} = \frac{360}{18}; \quad \text{d'où :} \quad x = \frac{360}{9} = 40^{gr} \text{ d'hydrogène;}$$

et $$\frac{y}{16} = \frac{360}{18}; \quad \text{d'où :} \quad y = 16 \times 20 = 320^{gr} \text{ d'oxygène.}$$

26. — *Les éprouvettes d'un voltamètre ont chacune une capacité de* 4dl. *L'une d'elles est à moitié remplie d'hydrogène; quel est le poids de l'eau décomposée? Poids du litre d'hydrogène,* 0,089 ; *poids atomique de* H = 1 ; *de* O = 16.

Le volume de l'hydrogène recueilli étant 2dl, son poids est:

$$0{,}2 \times 0{,}089 = 0^{gr},0178.$$

Or la formule de l'eau est :

$$H^2O = H^2 + O,$$
$$(16 + 2) = 2 + 16.$$

Ainsi, pour avoir 2gr d'hydrogène, il faut 18gr d'eau,
— 1gr — — 9gr —
donc, pour avoir 0gr,0178 — — $9 \times 0{,}0178$,
c'est-à-dire 0gr,160 d'eau.

27. — *Quel poids d'oxygène peut-on préparer avec* 5kg *de chlorate de potassium? Poids atomique de* K = 39; *de* O = 16, *de* Cl = 35,5.

La décomposition du chlorate est représentée par l'équation :

$$ClO^3K = KCl + 3O.$$

Poids moléculaire de $ClO^3K = 35{,}5 + 3(16) + 39 = 122{,}5$.

Avec $122^{kg},5$ on peut préparer 48^{kg} d'oxygène,
— 5^{kg} — x —

On a donc la proportion :

$$\frac{x}{48} = \frac{5}{122,5},$$

d'où :

$$x = \frac{48 \times 5}{122,5} = 1^{kg},95.$$

28.— *Quel poids d'oxygène peut-on préparer avec 5^{kg} de bioxyde de manganèse? Poids atomique de* Mn = 55, *de* O = 16.

La décomposition du bioxyde est représentée par l'équation :

$$3MnO^2 = O^2 + Mn^3O^4$$

Les poids correspondants sont donc :

$$3MnO^2 = 3(55 + 32) = 261 \quad \text{et} \quad O^2 = 32.$$

Avec 261^{kg} de MnO^2 on peut préparer 32^{kg} de O,
— 5^{kg} — — x —

On a donc la proportion : $\frac{x}{32} = \frac{5}{261}$,

d'où :

$$x = \frac{32 \times 5}{261} = 0^{kg},613.$$

On peut préparer 613^{gr} d'oxygène.

29. — *Quel poids de chlorate de potassium faut-il décomposer pour préparer* 100^{l} *d'oxygène? Poids du litre d'oxygène* = $1^{gr},43$. *Poids atomique de* Cl = 35,5 ; *de* O = 16.

Le poids de 100^{l} d'oxygène est 143^{gr}.

D'après l'équation : $2ClO^3K = 3O^2 + 2KCl$,

les poids correspondants sont :

$$2ClO^3K = 2(122,5) = 245 \quad \text{et} \quad 3O^2 = 3(32) = 96.$$

Pour avoir 96^{gr} d'oxygène il faut décomposer 245^{gr} de chlorate,
— 143^{gr} — — x —

On a donc la proportion : $\frac{x}{245} = \frac{143}{96}$,

d'où :

$$x = \frac{245 \times 143}{96} = 364^{gr},94.$$

30. — *Quel poids de bioxyde de manganèse faut-il décomposer pour préparer* 100^l *d'oxygène? Poids du litre d'oxygène,* $1^{gr},43$. *Poids atomique de* $Mn = 55$, *de* $O = 16$.

Le poids de 100^l d'oxygène est 143^{gr}.

$$3MnO^2 = O^2 + Mn^3O^4.$$

Or $3MnO^2 = 3(55 + 32) = 261$ et $O^2 = 32$.

Pour avoir 32^{gr} d'oxygène, il faut décomposer 261^{gr} de bioxyde,
— 143^{gr} — — x —

On a donc la proportion : $\frac{x}{261} = \frac{143}{32}$,

d'où : $$x = \frac{261 \times 143}{32} = 1166^{gr}.$$

31. — *Quel est le volume d'air qui contient un volume d'oxygène égal à celui que l'on obtiendrait par la décomposition de* 100^{cc} *de vapeur d'eau?*

100^{cc} de vapeur d'eau renferment 50^{cc} d'oxygène.
Pour avoir 21^{cc} d'oxygène, il faut 100^{cc} d'air
— 50^{cc} — — x —

On a donc la proportion : $\frac{x}{100} = \frac{50}{21}$,

d'où : $$x = \frac{100 \times 50}{21} = 238^{cc},095.$$

32. — *Quel est le volume d'air nécessaire à la combustion de* 1^{kg} *de charbon? Poids atomiques :* $C = 12$, $O = 16$. *Poids du mètre cube d'air,* $1^{kg},293$.

La combustion du carbone est représentée par l'équation :

$$C + O^2 = CO^2.$$

Ainsi pour brûler 12^{kg} de charbon, il faut 32^{kg} d'oxygène,
— 1^{kg} — — x —

On a donc la proportion : $\frac{x}{32} = \frac{1}{12}$,

d'où : $$x = 2^{kg},66 \text{ d'oxygène.}$$

Or pour avoir 23^{kg} d'oxygène, il faut 100^{kg} d'air,
— $2^{kg},66$ — — y —

La proportion $\frac{y}{100} = \frac{2,66}{23}$

donne : $$y = 11^{kg},565.$$

Tel est le poids de l'air nécessaire à la combustion de 1kg de charbon.

Son volume est : . $\frac{11,565}{1,293} = 8^{mc},944.$

33. — *Quel volume d'hydrogène faut-il introduire dans un eudiomètre contenant 100cc d'air, pour que tout l'oxygène de l'air soit transformé en vapeur d'eau après le passage de l'étincelle électrique?*

Les 100 volumes d'air renferment 21 volumes d'oxygène.

Or pour transformer 1 volume d'oxygène en vapeur d'eau, il faut 2 volumes d'hydrogène.

Donc pour les 21 volumes d'oxygène, il faudra 21×2 ou 42 volumes d'hydrogène.

34. — *Un homme adulte consomme à peu près 1l,26 d'oxygène par minute; quel est le volume d'air nécessaire à la respiration de 10 hommes pendant 2 heures?*

Pendant 2 heures et pour 10 hommes, il faut :

$$1,26 \times 60 \times 2 \times 10 = 1512^{l} \text{ d'oxygène.}$$

Pour avoir 21l d'oxygène, il faut 100l d'air,
— 1512l — — x —

On a donc la proportion : $\frac{x}{100} = \frac{1512}{21}$,

d'où : $x = \frac{100 \times 1512}{21} = 7200^{l}$ d'air.

35. — *Combien peut-on préparer de litres d'hydrogène avec 490gr d'acide sulfurique? Poids du litre d'hydrogène = 0gr,089. Poids atomique de S = 32, de O = 16, de H = 1, de Zn = 66.*

La préparation de l'hydrogène est représentée par l'équation :

$$SO^4H^2 + Zn = SO^4Zn + H^2$$

Les poids correspondants sont :

$$SO^4H^2 = 98 \quad \text{et} \quad H^2 = 2.$$

Avec 98gr de SO^4H^2 on a 2gr de H,
— 490gr — — x —

La proportion $\frac{x}{2} = \frac{490}{98}$

donne : $x = \frac{490}{49} = 10^{gr}.$

Tel est le poids de l'hydrogène préparé.

Son volume est : $\frac{10}{0,089} = 112^{l},36.$

36. — *On a dépensé 2fr,88 pour préparer l'hydrogène nécessaire à une séance de projections à la lumière oxhydrique. Combien de temps durera la séance, si l'on brûle 600l d'hydrogène par heure? Le zinc coûte 0fr,25 le kilo et l'acide sulfurique 0fr,20. Le poids du litre d'hydrogène est 0gr,089.*

Évaluons d'abord la consommation pour une heure.
Poids de l'hydrogène brûlé par heure :

$$600 \times 0,089 = 52^{gr},40,$$

Le poids de l'acide sulfurique correspondant est 2116gr,6, et sa valeur 0fr,52.
Le poids du zinc correspondant est 1762gr,2, et sa valeur 0fr,44.
La dépense pour une heure est donc :

$$0,52 + 0,44 = 0^{fr},96.$$

Et la durée de la séance :

$$\frac{2,88}{0,96} = 3 \text{ heures.}$$

37. — *Pour gonfler un aérostat il a fallu 1000mc de gaz d'éclairage au prix de 0fr,20 le mètre cube. De combien la dépense aurait-elle augmentée, si l'on avait substitué l'hydrogène au gaz d'éclairage? Prix du kilogramme d'acide sulfurique = 0fr,15 ; prix du kilogramme de zinc = 0fr,25.*

Avec le gaz d'éclairage, on a dépensé :

$$1000 \times 0,2 = 200^{fr}.$$

Calculons le prix du même volume d'hydrogène.
Cet hydrogène pèse 89kg.
Or d'après la formule :

$$SO^4H^2 + Zn = SO^4Zn, + H^2,$$

l'acide sulfurique correspondant pèse 4361kg et vaut :

$$4361 \times 0,15 = 654^{fr},15.$$

Le zinc correspondant pèse 2937kg, et coûte :

$$2937 \times 0,25 = 734^{fr},25.$$

Ce qui fait une dépense totale de :

$$654,15 + 734,25 = 1388^{fr},40.$$

L'augmentation des frais est la différence :

$$1388,40 - 200 = 1188^{fr},40.$$

38. — *On introduit 132gr de zinc dans 200gr d'acide sulfurique ; restera-t-il après la réaction un excès de l'un des deux corps, et quel sera cet excès?*

D'après l'équation $SO^4H^2 + Zn = SO^4Zn + H^2$

$$98 + 66$$

66gr de zinc demandent 98gr de SO^4H^2,
132gr — — 98×2 ou 196gr de SO^4H^2.

Il restera donc un excès de :

$$200 - 196 = 4^{gr} \text{ de } SO^4H^2.$$

39. — *Combien de litres de chlore peut-on préparer avec 274gr,5 de bioxyde de manganèse* (MnO^2)? *Poids atomique de* Mn = 55, *de* O = 16, *de* Cl = 35,5, *de* H = 1. *Poids du litre de chlore* = 3gr,15.

La préparation du chlore est représentée par l'équation :

$$MnO^2 + 4HCl = Cl^2 + MnCl^2 + 2H^2O$$

Les poids correspondants sont :

$$MnO^2 = 55 + 2(16) = 87 \quad \text{et} \quad Cl^2 = 2(35,5) = 71.$$

Avec 87gr de MnO^2 on a 71gr de Cl,
— 274gr,05 — — x —

La proportion $\frac{x}{71} = \frac{274,05}{87}$

donne : $$x = \frac{71 \times 274,05}{87} = 71 \times 3,15.$$

Tel est le poids du chlore.

Chaque litre pesant 3gr,15, son volume est :

$$\frac{71 \times 3,15}{3,15} = 71^{l}.$$

40. — *Quelle quantité de bioxyde de manganèse faudra-t-il décomposer par l'acide chlorhydrique pour* *préparer* 284gr *de chlore? Poids atomiques de* Mn = 55, *de* O = 16, *de* Cl = 35,5, *de* H = 1.

Appliquons la formule :

$$MnO^2 + 4HCl = Cl^2 + MnCl^2 + 2H^2O.$$

Pour avoir (35,5 × 2) de chlore, il faut (55 + 16 × 2) de MnO^2,
— 284gr de Cl, il faudra x de MnO^2.

On a donc la proportion : $\frac{x}{87} = \frac{284}{71}$,

d'où : $\frac{87 \times 284}{71} = 348^{gr}$.

41. — *Combien faudra-t-il préparer de flacons de* 500cc *pour recueillir le chlore obtenu en faisant réagir* 1570gr *d'acide chlorhydrique sur du bioxyde de manganèse en excès? Poids du litre de chlore* = 3gr,16. *Poids atomiques de* Mn = 55, *de* Cl = 35,5, *de* O = 16, *de* H = 1.

Appliquons la formule :

$$MnO^2 + 4HCl = Cl^2 + MnCl^2 + 2H^2O.$$

Les poids correspondants sont :

$$4HCl = 4(36,5) = 146 \quad \text{et} \quad Cl^2 = 2(35,5) = 71.$$

Avec 146 de HCl, on prépare 71gr de Cl,
— 1570gr — — x —

On a donc la proportion : $\frac{x}{71} = \frac{1570}{146}$,

d'où : $x = 35^{gr},5$.

Tel est le poids du chlore.

Son volume est : $\frac{35,5}{3,16} = 11^{l},54$.

et le nombre des flacons : $\frac{11,54}{0,5} = 24$.

42. — *Quel poids d'acide sulfurique et de sel marin faut-il employer pour obtenir* 1mc *d'acide chlorhydrique gazeux? Poids du litre d'acide chlorhydrique gazeux,* 1gr,63. *Poids atomiques de* H = 1, *de* Cl = 35,5, *de* S = 32, *de* O = 16, *de* Na = 23.

Le poids du mètre cube de HCl gazeux est :

$$1{,}63 \times 1000 = 1^{kg},630.$$

Appliquons la formule de préparation :

$$NaCl + SO^4H^2 = HCl + SO^4NaH.$$

On a :

$$NaCl = 23 + 35{,}5 \quad = 58{,}5$$
$$SO^4H^2 = 32 + 64 + 2 = 98$$
$$HCl = 1 + 35{,}5 \quad = 36{,}5.$$

Pour avoir $36^{gr},5$ de HCl, il faut 98^{gr} de SO^4H^2 et $58^{gr},5$ de NaCl,
— 1630^{gr} — — x — y —

On a donc les proportions :

$$\frac{x}{98} = \frac{1630}{36{,}5},$$

et :

$$\frac{y}{58{,}5} = \frac{1630}{36{,}5};$$

d'où : $x = \dfrac{98 \times 1630}{36{,}5} = 4^{kg},376$ d'acide sulfurique,

d'où : $y = \dfrac{117 \times 1630}{73} = 2^{kg},612$ de sel marin.

43. — *Quel est le volume d'anhydride sulfureux obtenu par la combustion de* 2^{gr} *de soufre? Poids atomiques de* $S = 32$, *de* $O = 16$. *Poids du litre d'anhydride sulfureux* $= 2^{gr},80$.

Appliquons la formule de préparation :

$$S + O^2 = SO^2$$
$$32 \qquad\quad 64.$$

32^{gr} de S produisent 64^{gr} de SO^2.

Donc : 2^{gr} — — $\dfrac{64 \times 2}{32} = 4^{gr}.$

Le volume de ce gaz est : $\dfrac{4}{2{,}8} = 1^{l},42.$

44. — *Quel poids de sulfure de fer faut-il traiter par l'acide chlorhydrique pour obtenir* 1^{gr} *d'acide sulfhydrique? Poids atomiques de* $Fe = 56$, *de* $S = 32$, *de* $H = 1$.

Appliquons la formule de préparation :

$$FeS + 2HCl \quad = FeCl^2 + H^2S.$$

On a : $FeS = 56 + 32 = 88,$

et : $H^2S = 2 + 32 = 34.$

Pour avoir 34gr de H^2S il faut 88gr de FeS,
— 1gr — — x —

On a donc la proportion : $\frac{x}{88} = \frac{1}{34};$

d'où : $x = \frac{44}{17} = 2^{gr},58.$

45. — *On veut remplir 17 flacons de 2 litres avec du gaz sulfhydrique; quel poids de sulfure de fer faudra-t-il attaquer par l'acide chlorhydrique? Poids du litre de* $H^2S = 1^{gr},5$. *Poids atomiques de* $Fe = 56$, *de* $S = 32$, *de* $H = 1$.

La capacité de ces 17 flacons est 34^l, et ces 34^l de H^2S pèsent :

$$34 \times 1,5 = 51^{gr}.$$

Appliquons la formule :

$$FeS + 2HCl = FeCl^2 + H^2S.$$

Pour avoir (2 + 32) de H^2S il faut (56 + 32) ou 88gr de FeS,
— 51gr — — x —

On a donc la proportion : $\frac{x}{88} = \frac{51}{34};$

d'où : $x = \frac{44 \times 51}{17} = 132^{gr}.$

46. — *Quel est le poids de gaz ammoniac que l'on peut préparer avec 500gr de chlorure d'ammonium? Poids atomiques de* $Az = 14$, *de* $Cl = 35,5$, *de* $H = 1$.

La préparation de l'ammoniaque est représentée par l'équation :

$$2AzH^4Cl + CaO = CaCl^2 + H^2O + 2AzH^3$$

Les poids correspondants sont :

$$2AzH^4Cl = 2(14 + 4 + 35,5) = 107 \quad \text{et} \quad 2AzH^3 = 2(14 + 3) = 34.$$

Avec 107gr de chlorure on peut préparer 34gr de AzH^3,
— 500gr — — x —

On a donc la proportion : $\frac{x}{34} = \frac{500}{107};$

d'où : $x = \frac{34 \times 500}{107} = 158^{gr},87.$

47. — *Quel est le poids de chlorure d'ammonium nécessaire à la préparation de 50[l] de gaz ammoniac? Poids du litre de gaz ammoniac = 0gr,76. Poids atomiques de* Cl = 35,5, *de* Az = 14, *de* H = 1.

Le poids de 50[l] de gaz ammoniac est 38gr.
Appliquons la formule :

$$2AzH^4Cl + CaO = CaCl^2 + 2AzH^3 + H^2O.$$

On a :

$$2AzH^4Cl = 2(14 + 4 + 35,5) = 107 \quad \text{et} \quad 2AzH^3 = 2(14 + 3) = 34.$$

Pour avoir 34gr de gaz il faut 107gr de chlorure d'ammonium,
— 38gr — — x —

On a donc la proportion : $\frac{x}{107} = \frac{38}{34}$;

d'où : $$x = \frac{107 \times 19}{17} = 119^{gr},58.$$

48. — *Quel poids d'azotate de sodium peut-on décomposer avec 490gr d'acide sulfurique?*

La préparation de l'acide azotique est figurée par l'équation suivante : $SO^4H^2 + 2AzO^3Na = SO^4Na^2 + 2AzO^3H$

Les poids correspondants sont :

$$SO^4H^2 = 32 + 4(16) + 2 = 98 \quad \text{et} \quad 2AzO^3Na = (14 + 48 + 23) = 170.$$

Avec 98gr de SO^4H^2 on peut décomposer 170gr de AzO^3Na,
— 490gr — — x —

On a donc la proportion : $\frac{x}{170} = \frac{490}{98}$;

d'où : $$x = 170 \times 4 = 850^{gr}.$$

49. — *On fait réagir 350gr d'azotate de potassium sur 98gr d'acide sulfurique; quels sont les corps obtenus dans la réaction et quel est le poids de chacun de ces corps?*

La préparation de l'acide azotique est représentée par l'équation :

$$2AzO^3K + SO^4H^2 = SO^4K^2 + 2AzO^3H$$
$$202 \quad + \quad 98 \quad = \quad 174 \quad + \quad 126.$$

98gr de SO^4H^2 agiront sur 202gr de AzO^3K, et donneront 135gr de SO^4K^2 et 126gr d'*acide azotique* (AzO^3H).
Il restera comme résidu :

$$350 - 202 = 148^{gr}$$ d'azotate de potassium non décomposé.

50. — *Combien faut-il de molécules de potasse* (KOH) *pour remplacer tout l'hydrogène de l'acide sulfurique* SO^4H^2 *par le potassium?*

Il y a 2 atomes de H à remplacer et, comme H est monovalent, il faut 2 atomes d'un corps monovalent ou 1 atome d'un corps bivalent.

Le potassium est monovalent, et comme il n'y a qu'un atome de K par molécule de KOH, il faudra 2 molécules de KOH.

FIN

36309. — Tours, impr. Mame.